职业教育数字媒体技术专业系列教材

3ds Max三维室内效果图设计

主　编　蔡　蕊　高　敏

副主编　史淑慧　高艳敏　陆美玲

参　编　潘　宁　赵　玉　赵志霞　陈　超

机 械 工 业 出 版 社

本书以来自室内设计工作室的实际项目为主线，按三维效果图设计工作中的"建模—材质—灯光—后期"的顺序进行编排，通过对家居设计中常见的客厅、卧室、餐厅、卫浴等空间设计的具体流程和方法的介绍，让读者切实掌握3ds Max 软件的使用技巧和室内效果图设计的相关知识与技能。

本书可作为各类职业院校装潢设计、数字媒体、环境艺术等相关专业的教材，也可作为室内设计入门爱好者培训和学习的参考书。

本书配有任务案例操作视频、PPT 课件、素材等资源，可联系编辑（010-88379194）咨询或登录机工教育服务网（www.cmpedu.com）注册后免费下载。

图书在版编目（CIP）数据

3ds Max 三维室内效果图设计 ／ 蔡蕊，高敏主编．— 北京：机械工业出版社，2022.5
职业教育数字媒体技术专业系列教材
ISBN 978-7-111-70353-2

Ⅰ．①3⋯　Ⅱ．①蔡⋯　②高⋯　Ⅲ．①室内装饰设计－计算机辅助设计－应用软件－职业教育－教材　Ⅳ．① TU238-39

中国版本图书馆 CIP 数据核字（2022）第 043595 号

机械工业出版社（北京市百万庄大街22号　邮政编码100037）
策划编辑：李绍坤　　　　　　　责任编辑：李绍坤　于伟蓉
责任校对：张亚楠　贾立萍　　　封面设计：马精明
责任印制：李　昂
北京中科印刷有限公司印刷
2022年8月第1版第1次印刷
184mm×260mm・16.75 印张・351千字
标准书号：ISBN 978-7-111-70353-2
定价：55.00元

电话服务　　　　　　　　　　网络服务
客服电话：010-88361066　　　机　工　官　网：www.cmpbook.com
　　　　　010-88379833　　　机　工　官　博：weibo.com/cmp1952
　　　　　010-68326294　　　金　书　网：www.golden-book.com
封底无防伪标均为盗版　　机工教育服务网：www.cmpedu.com

PREFACE 前言

　　中文版3ds Max是Autodesk公司推出的一款功能强大的三维建模软件，在建筑设计、三维动画、影视创作、工业设计、多媒体制作等领域都得到了广泛的应用。在室内效果图设计与制作的行业内，3ds Max + V-Ray+Photoshop的组合，成了广大从业者优先选择的利器，在效果图的三维建模、材质设计、灯光设计、渲染出图、后期处理等各个阶段都能提供快捷高效的支持。

　　目前，我国职业院校的数字媒体技术专业、视觉传播专业、环境艺术设计专业等普遍将3ds Max三维室内效果图设计作为专业必修课程。本书旨在辅助高职院校的教师全面系统地讲授这门课程，帮助学生能够熟练地掌握3ds Max软件的操作和三维室内效果图设计的流程和方法。本书也可为室内效果图设计与制作相关培训人员及自学爱好者提供由浅入深、逐步精进的指导和参考。

内容特点

　　本书在内容编写方面通俗易懂、细致全面，在文字叙述方面言简意赅、重点突出。本书以室内设计工作室的实际项目为主线，按三维效果图设计工作中的"建模—材质—灯光—后期"的顺序进行编排，通过对家居设计中常见的客厅、卧室、餐厅、卫浴等空间设计的具体流程和方法的介绍，让读者切实掌握室内效果图设计与制作的相关知识与技能。

课堂案例

　　以真实项目作为课堂案例，强调案例的针对性和实用性，力求通过对课堂案例的演练，使学生快速熟悉软件功能和室内设计思路。

学时安排

　　本书的参考学时为120学时，全部采用理论与实践相结合的授课模式，讲授环节约为30学时，实训环节约为90学时。各项目的参考学时参见以下学时分配表。

项目	任务	学时
项目一　三维模型库设计	任务一　入职工作室	4
	任务二　客厅模型库设计	16
	任务三　卧室模型库设计	10
	任务四　餐厅模型库设计	10
	任务五　卫浴模型库设计	10

项目	任务	学时
项目二　客厅模型设计	任务一　客厅房体模型设计	4
	任务二　客厅硬装模型设计	6
	任务三　客厅软装模型设计	2
项目三　卧室效果图设计	任务一　卧室模型设计	4
	任务二　卧室材质设计	16
项目四　餐厅效果图设计	任务一　餐厅模型设计	4
	任务二　餐厅材质设计	4
	任务三　餐厅灯光设计	16
项目五　卫浴效果图设计	任务一　卫浴模型设计	4
	任务二　卫浴材质设计	2
	任务三　卫浴灯光设计	2
	任务四　卫浴效果图后期处理	6
合计		120

　　本书编者均为高职院校3ds Max三维室内效果图设计课程的一线教师，其中，德州职业技术学院蔡蕊、高敏担任主编，德州职业技术学院史淑慧、高艳敏、陆美玲任副主编。参与本书编写和制作的人员还有德州职业技术学院潘宁、德州信息工程学校赵玉、山东劳动职业技术学院赵志霞、德州汽车摩托车专修学院陈超。本书在编写的过程中，得到北京一家人装饰设计公司王明波总监的鼎力支持，在此表示谢意。

　　由于水平有限，书中难免存在错误和不妥之处，敬请广大读者批评指正。

编　者

CONTENTS 目录

项目一　三维模型库设计

【项目说明】

Autodesk 3ds Max 是目前主流的设计和制作三维室内效果图的工具。其强大的建模、材质、灯光和渲染功能可以为设计师提供有力的支持，来表现异彩纷呈的设计意图。

本项目从学员入职室内设计工作室的情境开始，了解室内设计工作室的业务范畴，认识室内装饰设计工作的流程，了解常见的室内装饰设计效果图的风格表现，并从最简单的三维室内模型创建开始，逐步学习 3ds Max 的各项功能和各类工具的使用方法。

【建议课时】

任务一　入职工作室——4 学时

任务二　客厅模型库设计——16 学时

任务三　卧室模型库设计——10 学时

任务四　餐厅模型库设计——10 学时

任务五　卫浴模型库设计——10 学时

合计——50 学时

任务一　入职工作室

一、任务情境

客户王女士新购置了一套三居室，需要装修。为了能让自己的新家实用、舒适又美观，王女士决定找专业的室内装饰设计人员帮自己完成这个项目。

小陈是一名装饰设计工作室的设计助理，他入职后的第一个工作就是负责王女士家的室内装饰设计项目。在设计师的指导和帮助下，小陈决定通过这个项目，全面地学习室内装饰设计效果图的设计和制作流程。美妙的设计之旅，就此展开！

二、任务分析

室内设计是一门融科学性与艺术性为一体的综合性学科。随着经济的不断发展和科学技术的不断进步，室内设计被越来越多的人认识和接受。作为刚刚入职工作室的设计助理，需要了解以下内容：

1）室内设计工作室介绍及相关的业务范畴。

2）常见的室内效果图的设计风格。

3）室内效果图的制作流程。

4）设计师和设计助理的身份确认。

三、任务实施

【室内设计工作室介绍】

室内设计工作室和装饰设计公司相比，既有相似之处，又有各自的特点。室内设计工作室一般是依托一位或多位设计师，面向更注重创意和品质的客户群体，开展集室内设计、预算报价、施工、监理于一体的专业化服务。

室内设计工作室的业务具体包括沟通客户、看房量房、方案设计、二维施工图和三维效果图制作、预算报价、施工、监理等。其中，设计方案能否得到客户的认可，关键在于三维效果图的设计和制作。

三维效果图可以直观地展现设计师的设计思路。照片级别的三维效果图可以栩栩如生地将室内设计方案真实地展现在客户面前，让客户能够身临其境地感受室内设计的效果。

【常见的室内效果图的设计风格】

室内效果图具有不同的设计风格，在装修时，应根据不同的地理环境、主人的身份与文化背景来选择设计风格。下面介绍几种常见的室内效果图的设计风格。

1. 传统风格

传统风格的室内设计，是在室内布置、线形、色调以及家具陈设的造型等方面，吸取传统装饰"形""神"的特点，常给人以历史延续和地域文脉的感受，使室内环境突出民族文化渊源的形象特征。概括地说，传统风格包括中式传统风格和欧式传统风格。传统风格的室内设计多是对不同时期建筑风格、样式的模仿或抽象提炼，因此对设计师的设计素养和设计能力有较高的要求。中式传统风格和欧式传统风格如图 1-1-1 和图 1-1-2 所示。

图 1-1-1

图 1-1-2

2．现代风格

现代风格起源于1919年成立的包豪斯学派，其标志是俄国构成主义运动和荷兰风格派的成立。现代主义主张突破旧传统，创造新建筑，强调功能为设计的中心，讲究设计的科学性；具体设计上重视功能和空间组织，注意发挥结构构成本身的形式美，提倡非装饰性的简单几何造型，崇尚合理的构成工艺，尊重材料的性能，讲究材料自身的质地和色彩的配置效果。

同时，现代风格还发展了新的美学思想，强调表现手法和建造手段的统一，主张利用非传统的以功能布局为依据的不对称的构图手法。在当今的设计中，造型简洁新颖、色彩明快的具有时代感的现代风格得到了广泛的运用。现代风格如图1-1-3和图1-1-4所示。

图 1-1-3

图　1-1-4

3．后现代风格

后现代风格的室内设计体现出强烈的非线型思维的特征，其设计中大量引用传统设计的元素或符号，并进行非理性的异变和拼贴。例如，常在室内设置夸张、变形的柱式，或把古典构件的抽象形式以新的手法组合在一起等。后现代风格突破了既定的思维模式，探索并创造了新的造型方法，强调设计的精神因素，拓展了室内设计艺术与审美的空间，是室内设计发展历史上的一次重大突破。后现代风格如图 1-1-5 和图 1-1-6 所示。

图　1-1-5

图　1-1-6

4.自然风格

自然风格倡导"回归自然"，让人们能够在当今的社会生活中获得生理和心理的平衡。自然风格室内装饰装修多用木料、织物、石材等天然材料，显示材料的纹理，风格清新淡雅。田园风格是自然风格的一种，也可称作"乡村风格"。该风格常运用天然木、石、藤、竹等材质的质朴的纹理，巧妙设置室内绿化，创造自然、简朴、高雅的氛围，力求在室内环境中表现悠闲、舒畅、自然的田园生活情趣。自然风格的设计中应根据地域特色和文化背景对色彩、家具、饰物、植物等进行选择。自然风格如图1-1-7和图1-1-8所示。

图　1-1-7

图　1-1-8

5．混合型风格

近年来，室内设计呈现出多元化的特点，逐渐发展出混合型风格。混合型风格要求设计师能够独具匠心、恰到好处地进行设计，深入推敲形体、色彩、材质等方面的总体构图和视觉效果。混合型风格如图 1-1-9 和图 1-1-10 所示。

图　1-1-9

图 1-1-10

【室内效果图的制作流程】

要想做出一份精美的室内效果图，不仅需要熟练掌握相关的软件操作，还需要大量的专业理论知识和丰富的实践经验。信息化时代改变了室内效果图的传统制作过程。利用三维制作软件可以非常方便地把设计方案表现出来，具有传统表现技法所不能比拟的优势。当前，AutoCAD+3ds Max+V-Ray+Photoshop的软件组合已经成为大多数设计师制作室内效果图的首选。

1．AutoCAD绘制室内施工图

AutoCAD是大家都比较熟悉的制图软件，它的应用范围很广。在室内设计中，它主要应用在方案设计阶段和施工图设计阶段。方案设计阶段形成方案图，施工图设计阶段形成施工图。方案图一般要进行色彩表现，它主要用于向客户或招标单位进行方案展示和汇报，所以重点在于形象地表现设计构思。施工图包括平面图、顶棚图、立面图、剖面图、节点构造详图及透视图等，它是施工的主要依据，因此需要详细、准确地表示出室内布置、各部分的形状、大小、材料、构造做法及相互关系等内容。某客厅CAD方案图和电视背景墙施工图分别如图1-1-11和图1-1-12所示。

2．3ds Max建模以及赋予材质和调整灯光

三维建模和设置材质灯光是室内效果图制作过程中的非常重要的一步，也是后续工作的基础和载体。主要完成以下几步：

图　1-1-11

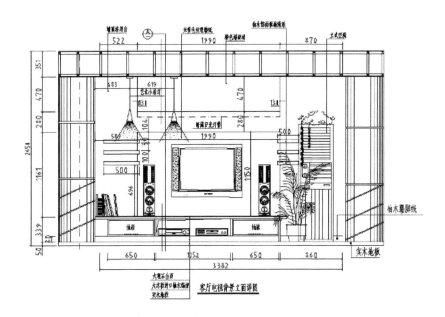

图　1-1-12

1）根据设计图纸进行建模工作。应根据平面图的设计，在场景中建立地面、墙体、吊顶等大体框架，并在场景中创建其他三维造型和调入家具。

2）将建造的模型按照图纸的要求，在 3ds Max 场景中进行移动、旋转、缩放等处理，将这些构件整合在一起。

3）将各种建筑构件和造型摆放至合适的位置后，就可以给场景中各种物体赋予材质。材质是某种材料本身所固有的颜色、纹理、反光度、粗糙度和透明度等属性的统称。想要制作出真实的材质，不仅要仔细观察现实生活中真实材料的表现效果，还要了解不同材质的物理属性，这样才能调配出真实的材质纹理。同一种材质可赋予多个不同的物体。对各部分模型赋予材质时，要求整体材质应该有一个主基调色，尽量避免出现大面积对比色的情况。

4）在模型中加入摄影机，进一步调整摄影机的参数至满意的角度后，调整场景中的灯光环境，使整个场景中的物体能表现出比较好的立体感和层次感。制作室内效果图的过程中，在场景中添加灯光时，应注意各区内灯光的多少及分布的差异会在场景中产生不同的室内光影效果，所烘托表现的气氛可能会有较大的差异，这时就要特别注意使灯光布局所产生的光影效果和气氛与总体设计不产生矛盾。

5）适当增加场景中的画饰、花卉、人物等配景，使整个场景显得更为生动逼真。在效果图场景中添加人物另外一个重要目的是为效果图标定一个合理的空间尺度。

3．V-Ray渲染

渲染输出。V-Ray 是由著名的 3ds Max 的插件提供商 Chaos Group 开发的功能强大的渲染插件，在室内外效果图的制作中，它的速度极快、渲染效果极好。V-Ray 主要用于渲染一些特殊的效果，如次表面散射、光迹追踪、焦散、全局照明等。它结合了光线跟踪和光能传递，用真实的光线计算创建专业的照明效果。输出图像的大小要根据图纸大小而定，一般制作效果图图像的分辨率最好不小于 120dpi(像素／英寸)。

4．Photoshop为效果图进行后期处理

Photoshop 一直是效果图后期处理的利器。一幅高质量的效果图，其后期处理是至关重要的，它直接关系到作品的成败。在效果图的后期处理中，一般需要调整整个画面的基调色、亮度及反差，使画面表现出较好的色感和层次感；添加各种配景使画面显得更为生动；进行适当的光影效果处理，使整个画面呈现出较好的艺术效果。效果图后期处理工作主要包括进一步调整图像的品质，修改图像的某些缺陷，调整图像的色彩，为效果图添加天空、树木、人物等配景，制作一些特殊的效果如光晕、光带等，制作特殊的图像效果等。

为了节约渲染时间，3ds Max 的模型越简单越好，这是制作效果图的一个原则，因此，很多配景需要在Photoshop中进行处理。在向室内效果图中添加配景时，切记不要过多。

有些时候，渲染出来的效果图可能存在某些缺陷，如灯光设置问题导致的阴影过深、曝光过度、颜色偏差等，这些问题在 Photoshop 中修复起来要比在 3ds Max 中重新设置

或调整灯光更容易，所以这也是后期处理工作之一。

最后一步进行打印输出。有条件时，最好进行覆膜、装裱等处理，使效果图更具艺术品位。

当然，再好的软件都只能是充当工具的角色，不要奢望通过简单地调节一些参数就能达到多么好的效果，作品的好坏最终取决于作者的艺术修养和眼界，这需要设计者在实践中不断地去观察和积累，以达到更高的艺术造诣。

【设计师和设计助理的身份确认】

在室内设计工作室的日常工作中，设计师和设计师助理是一对密不可分的搭档。设计师总体掌控项目的进度和质量，设计助理为设计师提供各方面的配合和支持。具体来讲，对两者的岗位职责、工作内容有如下划分。

1．设计师

（1）能力要求

1）独立完成整套室内装修设计方案能力。

2）解决一般设计问题能力。

3）克服困难，创造性地完成工作任务能力。

4）客户沟通能力。

5）亲和力。

（2）岗位职责

1）公司接洽客户来访。

2）现场测量待装修房屋、场地。

3）主持装修方案设计、预算，完成设计任务，做出符合客户要求的设计方案。

4）代表公司同客户签订装修合同。

5）主持施工现场技术交接。

6）跟踪施工过程，解决施工中相关设计问题。

7）主持施工中的设计变更。

8）融洽客户关系。

9）立足本岗位工作，提出合理化建议。

2．设计师助理

（1）职位概要

1）完成部门下达任务。

2）树立公司品牌，维护公司形象，提升客户满意率。

（2）工作内容

1）遵守公司及部门各项规章制度，服从部门经理领导。

2）配合设计师丈量现场。

3）负责 CAD 制图、打印、装裱。

4）配合设计师做工程预算。

5）配合设计师与相关部门的衔接。

6）陪同设计师与客户沟通并做记录。

7）整理设计师收集到的资料，并将资料归纳分类。

8）参加公司或相关部门举办的各类培训及活动。

9）配合设计师指示完成工作。

（3）任职要求

1）教育背景：室内设计、环境艺术设计或建筑设计类大学专科及以上学历。

2）工作能力：

a.熟练的施工图绘制能力、领悟能力、沟通能力，并能进行方案深化。

b.熟练运用 AutoCAD、3ds Max、Photoshop、PowerPoint 等软件。

c.具有相应施工工艺的基础知识，学习能力强。

3）工作态度：人品端正，爱岗敬业，工作细致、踏实，能吃苦耐劳，理解并认同企业发展和管理理念，有正确的价值观和道德心。

四、任务评价

1）了解室内设计工作室的业务范畴，明确设计师和设计助理的工作内容。

2）了解常见的室内效果图的设计风格及特点。

3）认识三维室内效果图的制作流程。

五、必备知识

对新从业的人员来讲，室内设计行业每天的工作内容是不固定的，主要以设计项目为主线，设计进度为目标，设计效果改善和客户确认为工作重心。在流程上可以简单地概括为沟通、构思、修改、表达这几个步骤的重复循环，直至客户确认满意。

六、触类旁通

结合以上关于室内设计的知识，尝试结合客户王女士自身的职业特点、家庭结构、兴趣爱好等，为她推荐几种室内设计风格，并从实用性和美观性两方面考虑项目的设计思路。

任务二 客厅模型库设计

一、任务情境

客厅是一个家庭用来休闲放松、招待客人的重要空间和场所。对于大部分家庭来说，一进门，首先映入眼帘的就是客厅。不同风格的客厅在布局摆设、家具选择、软装搭配等方面都有独特的要求，但是客厅核心的功能不变，例如茶几、沙发、电视柜等是必不可少的模型组成部分。因此，设计师要求小陈以常见的客厅模型为例，建立客厅的模型库。

二、任务分析

作为客厅中常见的家具模型，主要包括一些体积相对较大、造型相对简单的模型，如沙发、茶几、电视柜、边几、角几、吸顶灯、壁灯、装饰摆件、挂表等。

通过这些基本家具模型的创建，熟悉 3ds Max 的软件界面、常用编辑工具，学会熟练使用三维几何体建模的工具和方法。

三维几何体是创建三维模型最基础的工具和方法。3ds Max 包含以标准基本体、扩展基本体为基础的一系列几何体建模工具，如图 1-2-1 所示。

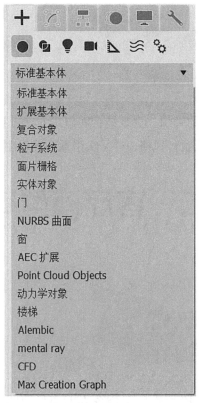

图 1-2-1

在客厅模型库设计和制作的过程中，还会着重介绍以下几种几何体建模的编辑方法。

- 选择、移动、旋转、缩放
- 复制
- 阵列
- 对齐
- 轴心控制

三、任务实施

【茶几模型的制作】

本实例的制作分三部分完成，茶几面、茶几腿和底部置物架。主要学习"选择""移动""旋转""缩放""复制"工具的使用，和"切角长方体"的创建方法，以及相关参数的修改。茶几模型的效果如图 1-2-2 所示。

图　1-2-2

1）首先进行桌面玻璃的制作。启动 3ds Max 软件，在"自定义"菜单中选择"单位设置"，在打开的单位设置窗口中，设置"显示单位比例"的"公制"为毫米，同时，单击"系统单位设置"按钮，在打开的系统单位设置窗口中，设置"系统单位比例"为毫米，如图 1-2-3 所示。

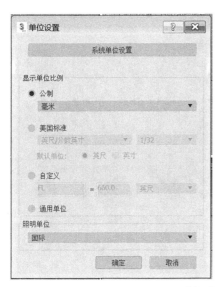

图　1-2-3

2）创建茶几面。单击"创建"→"几何体"→"长方体"按钮，在顶视图单击并拖动鼠标创建一个长方体，作为茶几面，在右侧"修改器"面板中，设置茶几面的长宽高分别为 800mm、1300mm、20mm。参数及形态如图 1-2-4 所示。

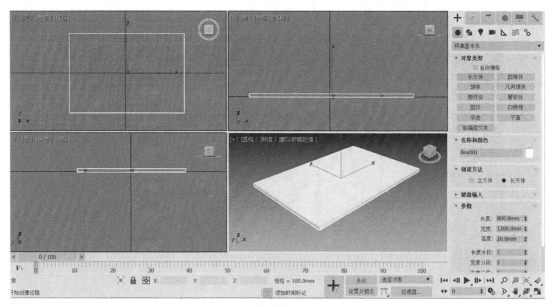

图　1-2-4

3）创建茶几腿。单击"创建"→"几何体"→"圆柱体"按钮，在顶视图单击并拖动鼠标创建一个圆柱体，作为茶几腿，半径设为 45mm，高度设为 480mm。参数及形态如图 1-2-5 所示。

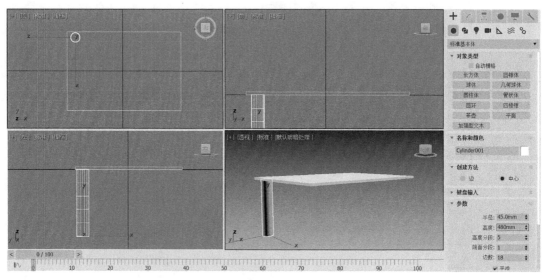

图　1-2-5

4）复制茶几腿。选中第一条茶几腿，按<Ctrl+V>组合键，复制其他的三条茶几腿，并用移动工具将它们分别放到合适位置，如图1-2-6所示。

图　1-2-6

5）制作茶几底座，在场景中创建和复制新的长方体，调整合适的长宽高，运用"移动"和"旋转"工具，调整模型具体位置，调整合适的角度和间距，如图1-2-7所示。

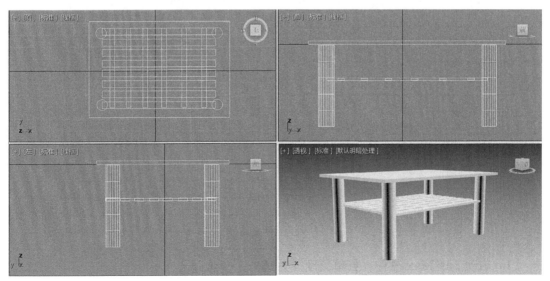

图　1-2-7

6）制作完成，效果如图1-2-2所示。

小贴士

● 市面上常见的客厅茶几分为方形茶几、长形茶几和圆形茶几等不同的造型。不同材质、不同风格的茶几尺寸也不同。

● 方形茶几的常见尺寸有：800mm×800mm，1000mm×1000mm，1050mm×1050mm，1200mm×1200mm，1300mm×1300mm。

● 长形茶几常见尺寸有：1000mm×600mm，1100mm×650mm，1200mm×750mm，1300mm×800mm，1350mm×850mm，1400mm×850mm。

● 圆形茶几的常见尺寸有：800mm×800mm，1000mm×1000mm，1200mm×1200mm。

● 茶几的常见高度为450~600mm。

【沙发模型的制作】

本例的制作分四部分完成，分别是沙发底座、沙发扶手、沙发腿和沙发靠背模型的创建。主要学习"扩展几何体"和"复制"命令的使用。沙发效果如图1-2-8所示。

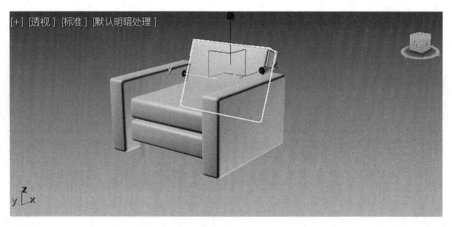

图　1-2-8

1）启动3ds Max软件，将单位设置为毫米。

2）创建沙发底座。在顶视图创建一个切角长方体作为沙发底座，修改"长度"参数为600mm，"宽度"参数为600mm，"高度"参数为130mm，"圆角"参数为20mm，"圆角分段"参数为3，如图1-2-9所示。

图 1-2-9

3）制作沙发座。在前视图中，使用移动复制的方法将切角长方体沿 Y 轴向上复制一个，将"圆角"参数修改为 30mm，作为沙发座，如图 1-2-10 所示。

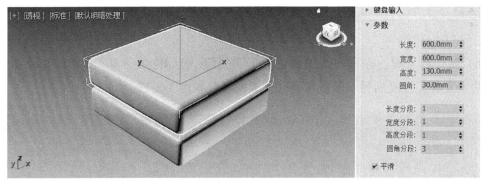

图 1-2-10

4）确认复制的切角长方体处于选择状态，激活"对齐"命令，在前视图中单击下面的切角长方体，设置参数如图 1-2-11 所示。

图 1-2-11

5）制作扶手。在前视图中创建一个切角长方体作为扶手，设置"长度"参数为450mm，"宽度"参数为720mm，"高度"参数为120mm，"圆角"参数为20mm，"圆角分段"参数为3，位置及参数如图1-2-12所示。

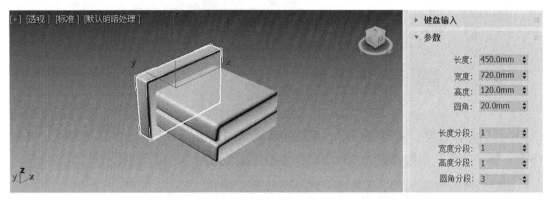

图 1-2-12

6）制作沙发腿。在顶视图中扶手的下面创建一个40mm×40mm×100mm的长方体作为沙发腿，再复制另一条沙发腿，位置及参数如图1-2-13所示。

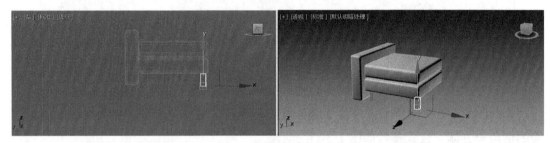

图 1-2-13

7）在顶视图中框选扶手和沙发腿，用实例复制的方式复制一组，位置如图1-2-14所示。

图 1-2-14

8）制作靠背。在左视图中创建一个切角长方体作为沙发的靠背，设置"长度"参数为450mm，"宽度"参数为600mm，"高度"参数为100mm，"圆角"参数为15mm，"圆角分段"参数为3，如图1-2-15所示。

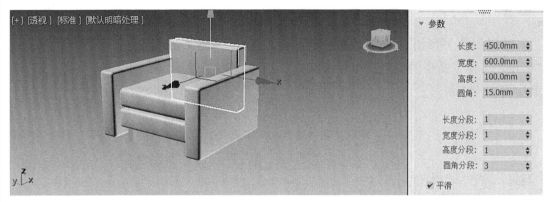

图　1-2-15

9）复制一个靠背，用"旋转"工具调整其位置，如图 1-2-16 所示。

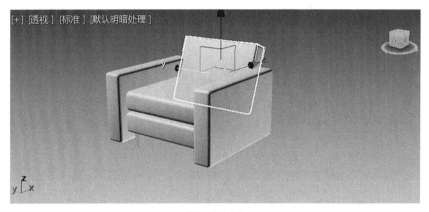

图　1-2-16

10）最后制作完成，效果如图 1-2-8 所示。

小贴士

● 在执行时，通过单击"创建"面板下的"几何体""扩展几何体""切角长方体"，可以得到带圆角的长方体模型。

● 使用<Ctrl+V>组合键复制出一个沙发腿模型来，然后再移动旋转调整位置。

● "切角长方体"比"长方体"多了"圆角"和"圆角分段"两个参数。"圆角"：设置圆角的大小。

● "长度分段""宽度分段""高度分段"：设置长方体三边上片段的划分数。

● "圆角分段"：设置倒角的片段划分数，值越高，圆角越圆滑。

【自主练习】

通过制作L形组合沙发模型来学习"切角长方体"命令的使用。组合沙发效果如图1-2-17所示。

图 1-2-17

【摆件模型的制作】

本例主要学习"阵列"命令的使用。摆件的效果如图1-2-18所示。

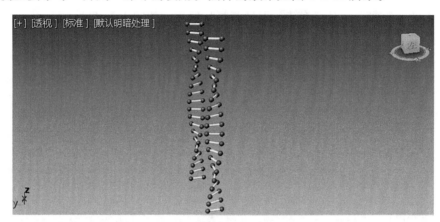

图 1-2-18

1）启动3ds Max软件，将单位设置为毫米。

2）制作摆件轴。在前视图中，单击"创建"→"几何体"→"圆柱体"按钮，创建一个圆柱体。再在同视图中单击"创建"→"几何体"→"球体"按钮，创建一个球体，如图1-2-19所示。

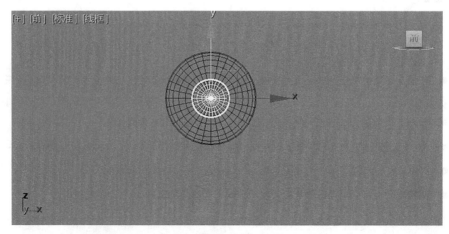

图 1-2-19

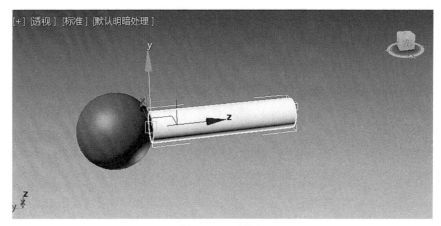

图 1-2-19（续）

3）制作摆件双头。在场景中选择球体，按快捷键＜Ctrl+V＞，在弹出的对话框中选择"复制"选项，单击"确定"按钮，并移动到合适位置，如图 1-2-20 所示。

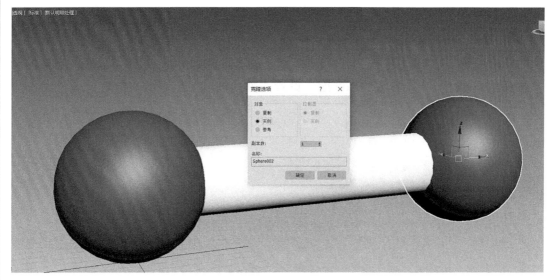

图 1-2-20

4）成组。将摆件模型全部选中，单击"组"→"组"命令，弹出一个对话框，单击"确定"按钮，如图 1-2-21 所示。

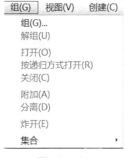

图 1-2-21

5）移动模型坐标轴。选中摆件模型，单击"等次"→"仅影响轴"命令，将坐标轴移动到摆件模型边上，如图1-2-22所示。

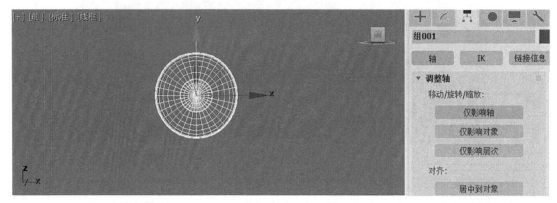

图 1-2-22

6）在菜单栏中单击"工具"→"阵列"命令，在弹出的对话框中单击"移动"右侧的箭头按钮 ，并设置"总计"下的"Z"参数为3000mm，单击"旋转"右侧的箭头按钮 ，设置"Z"参数为360度，设置"阵列维度"组下的"数量"→"1D"为20，如图1-2-23所示。

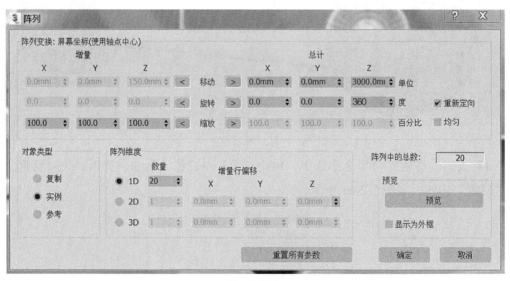

图 1-2-23

7）最终效果如图1-2-18所示。

小贴士

● 使用"阵列"命令可以让物体模型沿着坐标轴方向旋转。

● "阵列"命令的使用方法是，先把你要应用命令的物体的坐标轴移动到想要围绕哪个模型旋转的中心点，再添加"阵列"命令。

【电视柜模型的制作】

1）启动 3ds Max 软件，将单位设置为毫米。

2）制作电视柜面。在顶视图中，单击"创建"→"几何体"→"长方体"按钮，创建一个长方体，设置"长度"参数为 50mm，"宽度"参数为 1800mm，"高度"参数为 500mm，如图 1-2-24 所示。

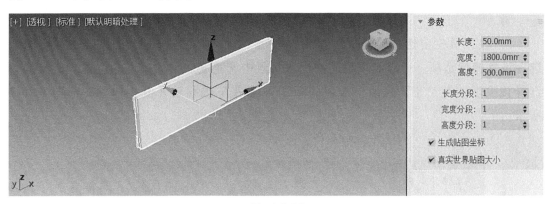

图　1-2-24

3）制作电视柜上下面。在场景中选择长方体，按快捷键＜Ctrl+V＞，在弹出的对话框中选择"复制"选项，单击"确定"按钮，并移动到合适位置，如图 1-2-25 所示。

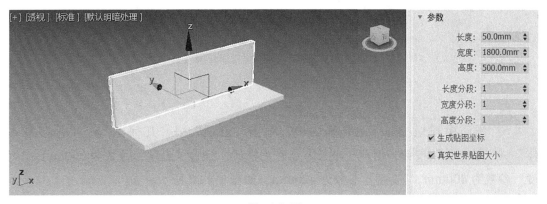

图　1-2-25

4）制作电视柜侧面的柜面。选中电视柜面，按<Ctrl+V>组合键复制模型，切换到"修改器"命令面板，调整参数"长度"为500mm，"宽度"为50mm，"高度"为500mm，如图1-2-26所示。

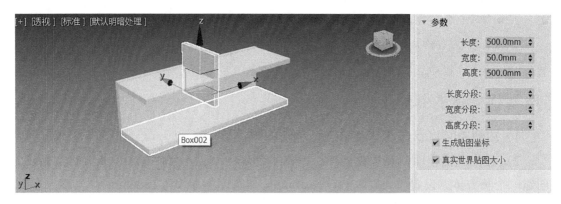

图　1-2-26

5）在工具栏中选择"捕捉"按钮，右击"2.5捕捉"按钮，在弹出的对话框中选择设置捕捉选项，通过对模型的捕捉在场景中调整复制出的模型的位置。在场景中选择该模型，在"左"视图中按住<Shift>键沿Y轴移动并复制模型，如图1-2-27所示。

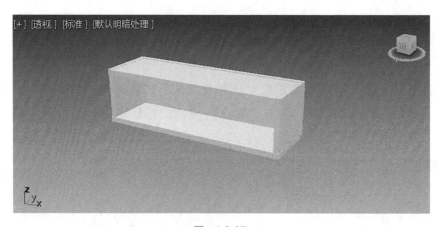

图　1-2-27

6）制作电视柜抽屉。在顶视图中，单击"创建"→"几何体"→"标准基本体"→"长方体"按钮，创建一个长方体作为抽屉，设置"长度"参数为350mm，"宽度"参数为400mm，"高度"参数为420mm，如图1-2-28所示。

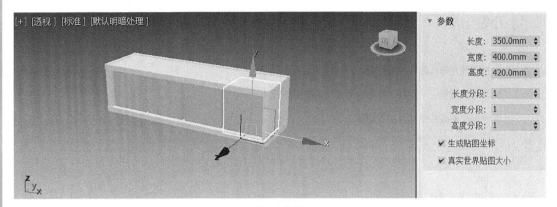

图　1-2-28

7）制作电视柜抽屉把手。单击"创建"→"几何体"→"标准基本体"→"圆柱体"按钮，创建一个圆柱体，设置"半径"参数为15mm，"高度"参数为12mm，"高度分段"参数为1，"边数"参数为30，如图1-2-29所示。

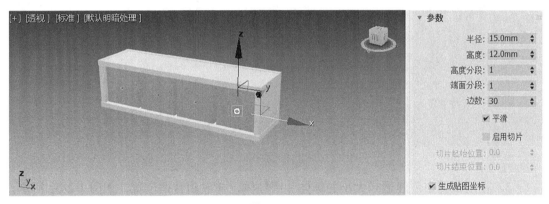

图　1-2-29

8）最终效果如图1-2-30所示。

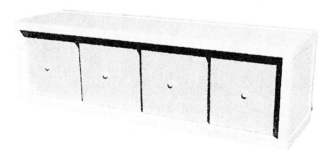

图　1-2-30

小贴士

- 创建长方体作为电视机柜壳。
- 使用"复制""对齐"等命令生成电视柜的抽屉。
- 创建小的圆柱体作为抽屉把手。

【挂钟模型的制作】

1）启动 3ds Max 软件，将单位设置为毫米。

2）在前视图中创建圆柱体作为表盘，设置"半径"参数为 200mm，"高度"参数为 20mm，"边数"参数为 50，如图 1-2-31 所示。

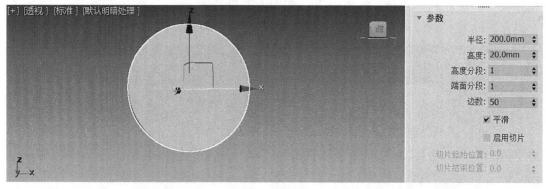

图 1-2-31

3）在前视图中创建适当大小的球体和圆柱体，并放到合适位置，如图 1-2-32 所示。

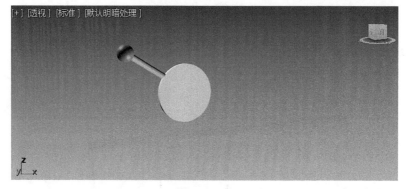

图 1-2-32

4）移动、复制模型并调整模型位置，选择上下两个球体和圆柱体，在工具栏中选择"使用选择中心按钮"模式，如图 1-2-33 所示。

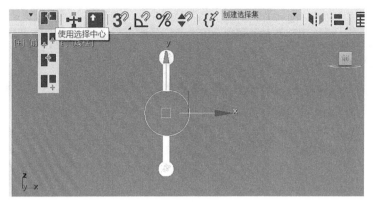

图 1-2-33

5）使用"选择并旋转"工具，按住 <Shift> 键旋转复制模型，如图 1-2-34 所示。

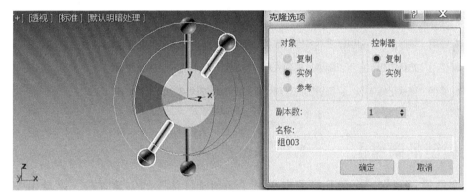

图 1-2-34

6）在表盘的中心位置创建球体，如图 1-2-35 所示。

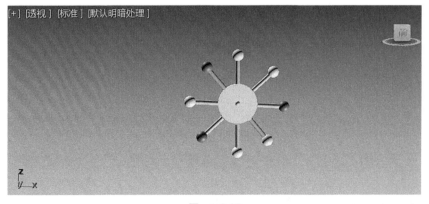

图 1-2-35

7）在前视图中创建长方体作为指针，最终效果如图 1-2-36 所示。

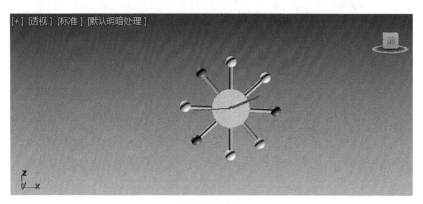

图　1-2-36

 小贴士

● 使用"轴心点"：可以围绕其各自的轴点旋转或缩放一个或多个对象。

● 使用"选择中心"：可以围绕其共同的几何中心旋转或缩放一个或多个对象。

● 使用"变换坐标中心"：可以围绕当前坐标系的中心旋转或缩放一个或多个对象。

【角几模型的制作】

　　本实例通过制作一个角几模型来学习"切角圆柱体"的创建方法，以及相关参数的精确修改。角几的效果如图 1-2-37 所示。

图　1-2-37

　　1）启动 3ds Max 软件，将单位设置为毫米。

　　2）创建角几面。单击"创建"→"几何体"→"切角圆柱体"按钮，在顶视图中单击并拖动光标创建一个切角圆柱体作为凳座，参数及形态如图 1-2-38 所示。

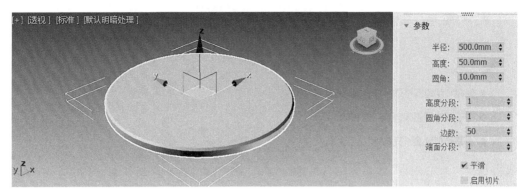

图 1-2-38

3）创建支架。单击"创建"→"几何体"→"切角圆柱体"按钮，在顶视图中创建一个圆柱体，设置"半径"参数为 50mm，"高度"参数为 1200mm，"圆角"参数为 10mm，如图 1-2-39 所示。

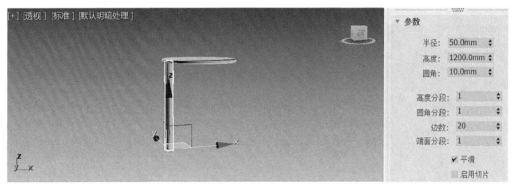

图 1-2-39

4）复制支架。单击工具栏上的"选择并旋转"按钮，按 <A> 键，打开"角度捕捉"，在顶视图中按住 <Shift> 键沿 Z 轴旋转 45°并复制，效果如图 1-2-40 所示。

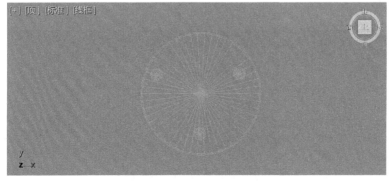

图 1-2-40

5）制作完成。角几的最终效果如图 1-2-37 所示。

小贴士

- 创建"切角圆柱体"作为角几面。
- 在不同的视图中创建"圆柱体"。
- 调整模型位置，完成角几的制作。

【锥形壁灯模型的制作】

1）启动 3ds Max 软件，将单位设置为毫米。

2）创建壁灯支架。单击"创建"→"几何体"→"圆柱体"按钮，在前视图中单击并拖动光标创建一个圆柱体作为固定支座，参数及形态如图 1-2-41 所示。

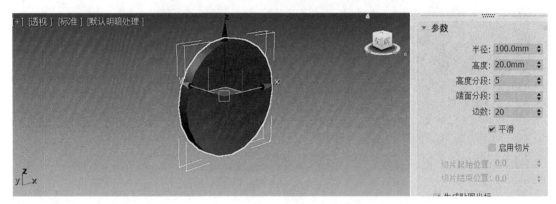

图 1-2-41

3）制作水平支架。在前视图中选中表示固定支座的圆柱体，按 <Ctrl+V> 组合键复制模型，调整参数"半径"为 90mm，"高度"为 300mm，并旋转方向，如图 1-2-42 所示。

图 1-2-42

4）制作竖直支架。单击工具栏上的"选择并旋转"按钮，按 <A> 键，执行"角度捕捉"命令，在顶视图中按住 <Shift> 键沿 Z 轴旋转 90°并复制，效果如图 1-2-43所示。

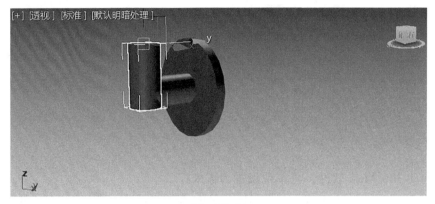

图 1-2-43

5）制作壁灯灯座。单击"创建"→"几何体"→"圆锥体"按钮，创建壁灯灯座，参数设置如图 1-2-44。

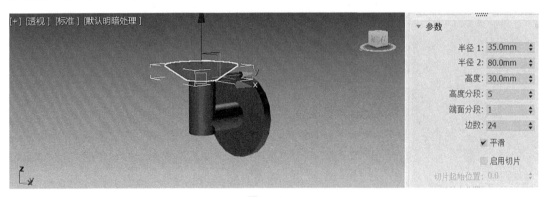

图 1-2-44

6）制作壁灯灯球。单击"创建"→"几何体"→"球体"按钮，创建壁灯灯球，设置"半径"参数为 75mm，最终效果如图 1-2-45 所示。

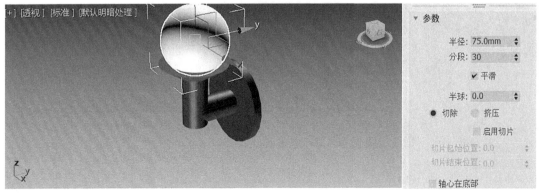

图 1-2-45

小贴士

● "圆锥体"比"圆柱体"多了一个半径。

● "半径1""半径2""高度"：设置圆锥体的尺寸。

● "高度分段""端面分段"：设置圆锥体边上片段的划分数。

【吸顶灯模型的制作】

1）启动 3ds Max 软件，将单位设置为毫米。

2）创建吊顶灯框。在顶视图中，单击"创建"→"几何体"→"标准基本体"→"管状体"按钮，在顶视图中单击并拖动光标创建一个圆柱体作为灯框，参数及形态如图 1-2-46 所示。

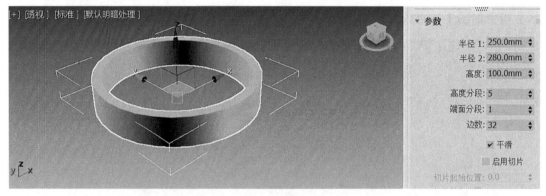

图 1-2-46

3）创建吊顶灯泡模型。在顶视图中，单击"创建"→"几何体"→"扩展基本题"→"胶囊"按钮，在顶视图中单击并拖动光标创建一个胶囊作为灯泡，参数及形态如图 1-2-47 所示。

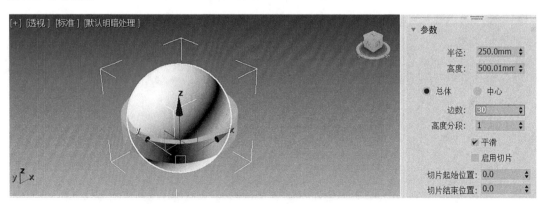

图 1-2-47

4）修改胶囊模型参数。在前视图中选中胶囊模型，沿 Y 轴进行缩放，效果如图 1-2-48 所示。

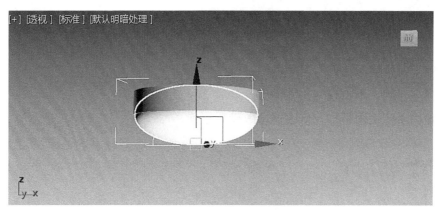

图 1-2-48

5）创建吊灯顶部模型。在前视图中单击"创建"→"几何体"→"标准基本体"→"圆柱体"按钮，调整模型并对齐位置，如图 1-2-49 所示。

图 1-2-49

6）最终效果如图 1-2-50 所示。

图 1-2-50

四、任务评价

1）模型符合实际比例与尺寸。

2）模型正确，不出现结构性错误。

3）建模手法使用得当，修改器参数设置正确。

五、必备知识

在掌握了客厅模型的设计方法之后，客厅模型库中的模型依据不同的设计风格，也分为现代简约风格、中式风格、欧式风格等。例如，中式风格的客厅模型更讲究对称，造型古朴，更能反映中国传统文化的审美观；而欧式风格的客厅模型更多地采用欧式纹样和造型，展现西方的文化底蕴。在模型库建立时，要注意区分不同模型的结构特点。

六、触类旁通

结合以上关于客厅的建模知识，尝试给客户王女士设计一些其他客厅模型库中必备的模型，并从实用性和美观性两方面考虑模型的设计思路。

任务三　卧室模型库设计

一、任务情境

卧室是人们休息的主要场所，卧室布置的好坏，直接影响到人们的生活、工作和学习，因此，卧室也是一个家庭居住空间中的设计重点。卧室的隐秘性、方便性、简洁性尤为重要，不同风格的卧室在布局摆设、家具选择、软装搭配等方面都有独特的要求，但是卧室核心的功能不变，如床、衣柜、灯具、置物筐等是必不可少的模型组成部分。因此，设计师要求小陈以常见的卧室模型为例，建立卧室的模型库。

二、任务分析

卧室模型建模中，很多用到了线条模型。3ds Max 提供了强大的二维线形建模工具，借助这些工具可以轻松创建直线、曲线、文本、星形等各类线条形态，并可以分别在顶点、线段、样条线的级别下对线型进行各种编辑。

在卧室模型库设计过程中，着重介绍以下几种建模方法：

- 二维线形的绘制
- 渲染参数设置
- 可编辑样条线的编辑
- FFD 修改器

三、任务实施

【 中式铁艺床模型的制作 】

本实例通过制作铁艺床来学习"线"的绘制与修改方法。使用"样条线"工具创建欧式床头的铁艺，使用"长方体"工具创建床板，使用"切角长方体"工具创建床垫，使用"切角长方体"工具创建枕头，并结合使用"编辑网格"修改器调整枕头的形态。铁艺床效果如图 1-3-1 所示。

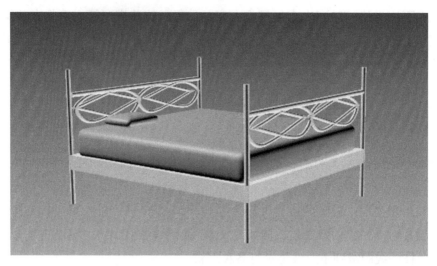

图　1-3-1

1）启动 3ds Max 软件，将单位设置为毫米。

2）创建铁艺床板。单击"创建"→"标准基本体"→"长方体"按钮，在顶视图中绘制一个长方体，设置"长度"参数为 2300mm，"宽度"参数为 2100mm，"高度"参数为 150mm，如图 1-3-2 所示。

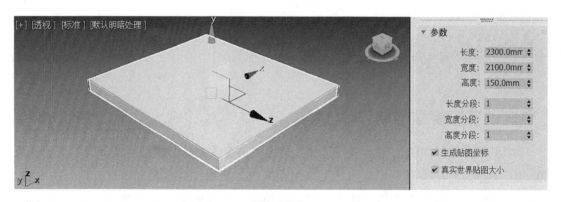

图　1-3-2

3）创建铁艺床垫。单击"创建"→"扩展基本体"→"切角长方体"按钮，在顶视图中绘制一个长方体，设置"长度"参数为 2200mm，"宽度"参数为 2000mm，"高度"参数为 300mm，"圆角"参数为 30mm，"圆角分段数"参数为 3，如图 1-3-3 所示。

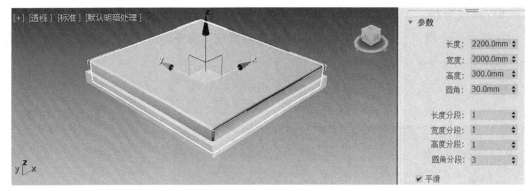

图 1-3-3

4）制作枕头。选中场景中的"床垫"，按＜Ctrl+V＞组合键复制模型，并在"修改器"命令面板调整参数，如图 1-3-4 所示。

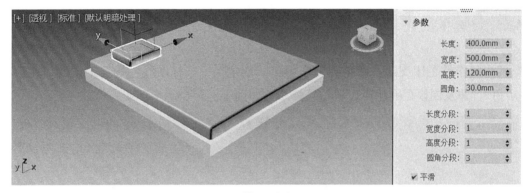

图 1-3-4

5）在"修改器列表"中加入"FFD（长方体）"命令，单击"设置点数"按钮，在弹出的"设置 FFD 尺寸"对话框中设置"长度"参数为 5，"宽度"参数为 5，"高度"参数为 3，如图 1-3-5 所示。

图 1-3-5

6）调整形状。按下 <1> 键，进入"点"子层级，在顶视图中选择四周的控制点，然后在前视图中用"工具栏"中的"选择并均匀缩放"命令沿 Y 轴进行缩放，并生成枕头，效果如图 1-3-6 所示。

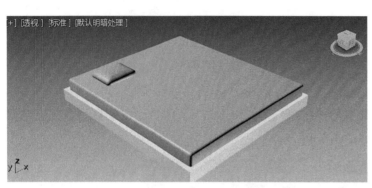

图　1-3-6

7）制作铁艺床支架。在前视图中单击"创建"→"样条线"按钮，设置"在渲染中启用"，并复制模型到相应位置，具体参数如图 1-3-7 所示。

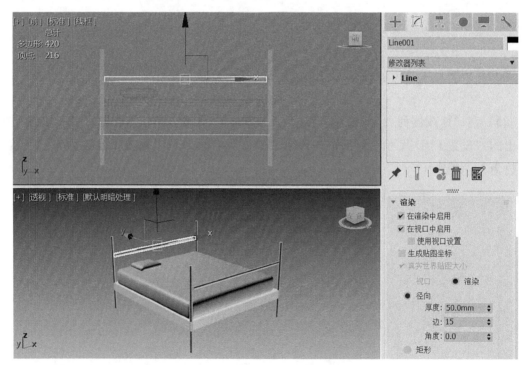

图　1-3-7

8）制作铁艺床纹样。在前视图中单击"创建"→"样条线"按钮，设置"在渲染中启用"，勾画出铁艺床头的一条造型纹样线条。选中这条纹样线条，右击并选择"转换为可编辑样条线"命令，选中"顶点"，单击"平滑"按钮并调整模型形状，效果如图 1-3-8 所示。

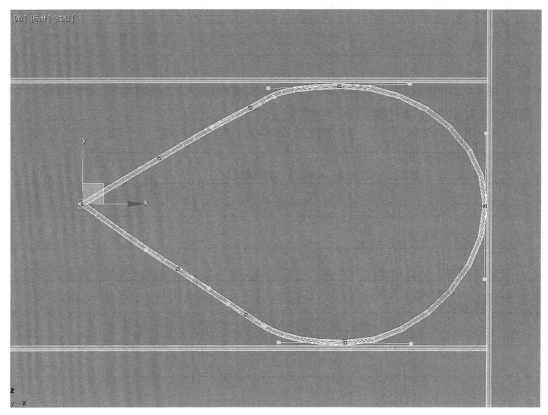

图　1-3-8

9）选中场景中的纹样模型，单击"镜像"按钮，选择"复制"，制作铁艺床其他纹样，如图1-3-9所示。

图　1-3-9

10）用同样的方法，制作出铁艺床的其他铁艺纹样，最后渲染出图，如图1-3-1所示。

● "FFD长方体"命令是一个功能很强的三维修改命令，在执行命令之前，物体必须有足够的分段数，否则，即使调整控制点，物体的形状也不会跟随改变。

● 使用"FFD长方体"命令时，如果想得到更多的控制点来方便地进行调整，在"设置FFD尺寸"对话框中可以将数值设置得多一些。

● "高度分段""端面分段"：设置圆锥体边上片段的划分数。

【卡通挂表模型的制作】

使用"圆环"工具创建挂表的边，使用"螺旋线"工具创建表的底盘，使用"弧"工具创建装饰，使用"线"和"星形"工具创建指针。卡通挂表模型效果如图 1-3-10 所示。

图　1-3-10

1）制作挂钟边。在前视图中单击"创建"→"图形"→"圆环"按钮，创建挂钟边，设置"厚度"参数为 35，"边数"参数为 50，"半径 1"参数为 260，"半径 2"参数为 270，如图 1-3-11 所示。

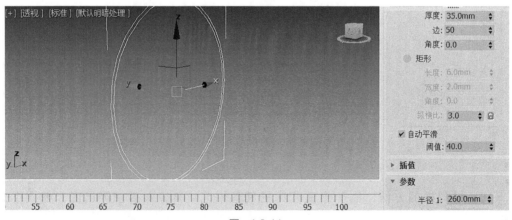

图　1-3-11

2）制作钟表底盘。在前视图中单击"创建"→"图形"→"螺旋线"按钮，创建钟表底盘，设置"半径1"参数为0，"半径2"参数为220，"高度"参数为0，"圈数"参数为最高值100，并启动"在渲染中启用"，如图1-3-12所示。

图 1-3-12

3）制作钟表装饰。在前视图中单击"创建"→"图形"→"弧"按钮，设计造型各异的耳朵装饰，并启动"在渲染中启用"，效果如图1-3-13所示。

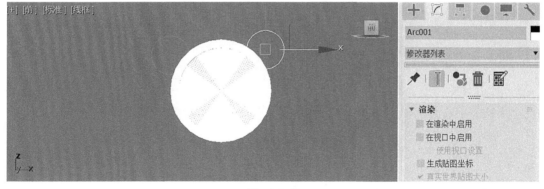

图 1-3-13

4）制作钟表时间。在前视图中单击"创建"→"图形"→"文本"按钮，创建文本，在"参数"设置"文本"处修改为数字"1"，如图1-3-14，用同样的方法创建钟表的其他数字时间。

图　1-3-14

5）制作钟表指针。在前视图中单击"创建"→"图形"→"星形"按钮，创建钟表指针，设置默认参数；单击"创建"→"图形"→"线"按钮，创建钟表的时针、分针、秒针，调整模型位置，渲染出图，效果如图 1-3-10 所示。

【垃圾筐模型的制作】

使用"线"工具结合"阵列"工具创建垃圾筐的边栏，使用"圆"工具创建垃圾筐的边沿和中间造型，使用"几何体"中的"管状体"创建垃圾筐的内筒，使用"切角圆柱体"创建桶底。垃圾筐的效果如图 1-3-15 所示。

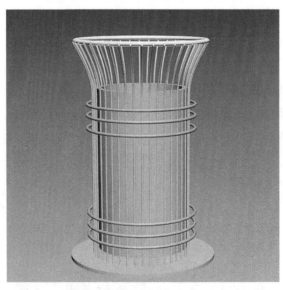

图　1-3-15

1）启动 3ds Max 软件，将单位设置为毫米。

2）绘制线形。激活顶视图，绘制一个半径为 350mm 的圆，设置"渲染"卷展栏下的"厚度"参数为 25，在前视图中绘制如图 1-3-16 所示的线形，设置"渲染"卷展栏下的"厚度"参数为 8，将其调整至合适位置。

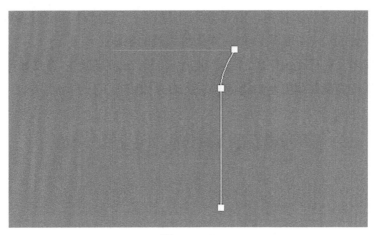

图   1-3-16

3）生成筒围。选择绘制的线形，在工具栏"视图"下方选择"拾取"。确认绘制的线形处于选择状态，单击菜单栏上的"工具"→"阵列"命令，在弹出的对话框中设置参数。单击"阵列"对话框中的"预览"按钮，观看效果，再单击"确定"按钮，生成所需阵列效果，如图 1-3-17 所示。

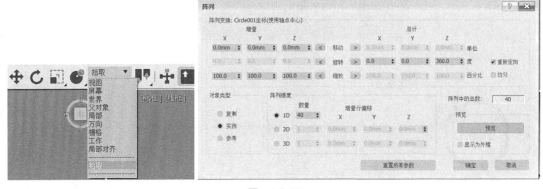

图   1-3-17

4）创建管内壁。激活顶视图，在阵列后的线形内部创建一个管状体，具体的参数设置如图 1-3-18 所示。

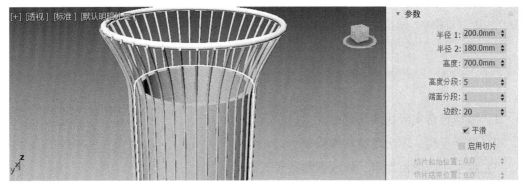

图   1-3-18

5）制作底座。激活前视图，沿 Y 轴向下复制一个管状体，设置参数"半径 1"为 450，"半径 2"为 50，"高度"为 15，作为垃圾筐的底座。

6）绘制横环。在顶视图中绘制一个半径为 350mm 的圆形，修改其可渲染的厚度为 10mm，然后进行复制并调整至合适的位置，效果如图 1-3-19 所示。

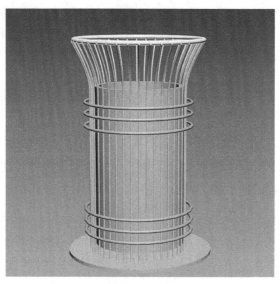

图 1-3-19

小贴士

● "阵列"工具可以让物体沿指定的轴心进行环形复制，熟练运用此工具，可以快速地进行环形建模。

四、任务评价

1）模型符合实际比例与尺寸。

2）模型正确，不出现结构性错误。

3）建模手法使用得当，修改器参数设置正确。

五、必备知识

在掌握了卧室模型的设计方法之后，卧室模型库中的模型依据不同的设计风格，也分为现代简约风格、中式风格、欧式风格等。在模型库的建立时，要注意区分不同风格模型的特点。

六、触类旁通

结合以上关于卧室的建模知识，尝试给客户王女士设计一些其他卧室模型库中必备的模型，并从实用性和美观性两方面考虑模型的设计思路。

任务四　餐厅模型库设计

一、任务情境

餐厅是家人就餐、宾朋聚会的一个重要场所。对大部分家庭来讲，餐厅的设计是关乎生活品质和居住体验的重要一环。不同风格的餐厅在布局摆设、家具选择、软装搭配等方面都有各自独特的要求，但是餐厅核心的功能不变，如餐桌、餐椅、餐具等是必不可少的模型组成部分。因此，设计师要求小陈以常见的餐厅模型为例，建立餐厅的模型库。

二、任务分析

不同于客厅和卧室大件的家具模型，餐厅模型包含更多的小而精致的模型，如瓷质的盘子、玻璃的酒杯等。同时，由于近年来主流的两居室和三居室的设计，大多将餐厅和客厅相连，形成客餐厅的空间，餐厅中的大件家具如餐桌、餐椅、窗帘等也要和客厅的设计风格保持一致。

三维建模中，除了前两个任务接触到的三维几何体建模和二维线型建模之外，还有常见的二维线型转三维模型的修改器建模。3ds Max 提供了丰富的修改器类型，如图 1-4-1 所示。

在餐厅模型库设计过程中，着重介绍以下几种常见的修改器：

- 挤出
- 车削
- 倒角
- 倒角剖面
- 放样

| 选择修改器 |
| 网格选择 |
| 面片选择 |
| 多边形选择 |
| 体积选择 |
| **面片/样条线编辑** |
| 编辑面片 |
| 删除面片 |
| **网格编辑** |
| 删除网格 |
| 编辑网格 |
| 编辑多边形 |
| 面挤出 |
| 法线 |
| 平滑 |
| 细化 |
| STL 检查 |
| 补洞 |
| 顶点绘制 |
| 优化 |
| MultiRes |
| 顶点焊接 |
| 对称 |
| 编辑法线 |
| 专业优化 |
| 四边形网格化 |
| 切角 |
| **动画修改器** |
| 蒙皮 |

图 1-4-1

三、任务实施

【餐桌模型的制作】

本例的制作分四部分完成，桌面玻璃、花格、支撑、桌腿。本例主要学习"挤出"命令的使用。餐桌效果如图 1-4-2 所示。

图 1-4-2

1. 桌面玻璃的制作

1）首先进行桌面玻璃的制作。启动 3ds Max 软件，并设置单位为毫米，如图 1-4-3 所示。

图 1-4-3

2）使用创建面板"图形"→"矩形"在顶视图中绘制桌面形状，尺寸 1300mm×700mm，如图 1-4-4 所示。

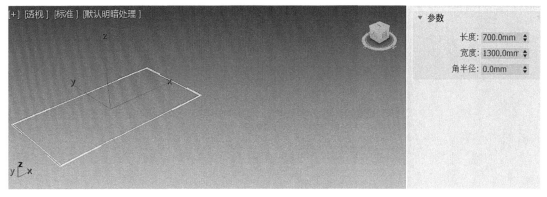

图 1-4-4

3）选中矩形，单击鼠标右键，弹出快捷菜单，选择"转化为"→"转化为可编辑样条线"，进入顶点级别，框选所有的点，在修改器卷展栏中设置切角参数为50mm，如图 1-4-5 所示。

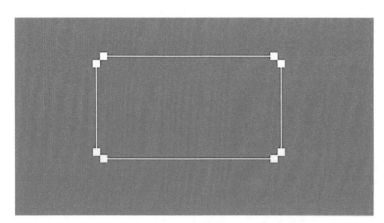

图 1-4-5

4）执行"修改器列表"中的"挤出"命令。设置"数量"参数为6mm，如图1-4-6所示，完成桌面的制作。

图 1-4-6

2.花格的制作

1）绘制花格的图形。打开"捕捉开关"，设置捕捉为2.5维，打开"端点"和

"中点"。沿着桌面绘制线条 Line001，接着绘制 Line002 和 Line003，如图 1-4-7 所示。

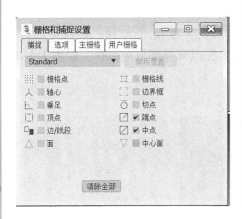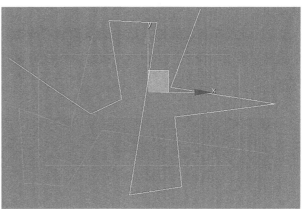

图   1-4-7

2）将三条线附加起来。进入"样条线"级别，设置"轮廓"参数为 −40mm，接着使用"修剪"命令进行修剪，如图 1-4-8 所示。

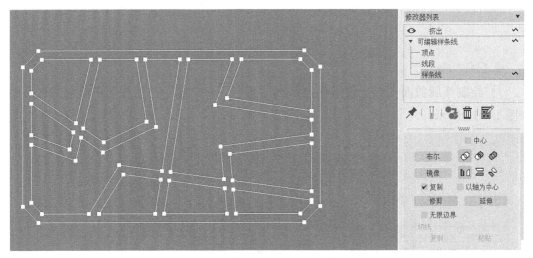

图   1-4-8

3）进入"顶点"级别，选择所有的点，执行"焊接"命令。然后在"修改器列表"中选择"挤出"命令，并调节"数量"参数为 10mm，完成花格的制作，如图 1-4-9 所示。

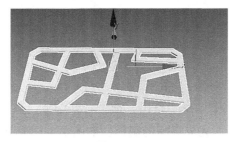

图   1-4-9

3. 支撑的制作

1）打开"捕捉开关"，设置捕捉为2.5维，打开"端点"和"中点"，沿着桌面绘制线条。

2）进入样条线级别，选中线条设置"轮廓"值为-40mm。然后在"修改器列表"中选择"挤出"命令，并调节"数量"参数为60mm，完成支撑部分的制作，如图1-4-10所示。

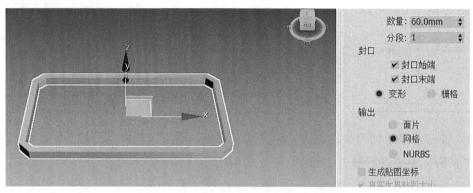

图 1-4-10

4. 桌腿的制作

1）绘制桌腿截面图形。使用创建面板"图形"→"线"在顶视图中绘制截面形状，如图1-4-11所示。

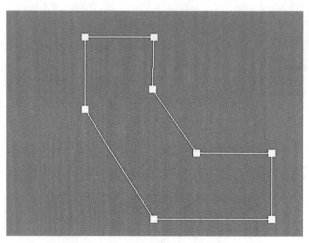

图 1-4-11

2）在"修改器列表"中选择"挤出"命令，并调节"数量"参数为650mm。使用"镜像"命令复制四条桌腿，完成桌腿的制作，如图1-4-12所示。

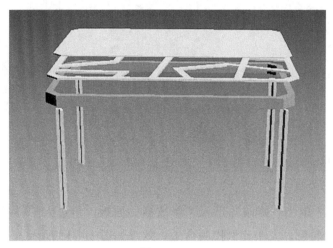

图　1-4-12

最后将完成的四个部分组装起来，完成餐桌的模型。设置桌面玻璃为透明材质，渲染出图，如图 1-4-2 所示。

【果盘模型的制作】

本例的制作分两部分完成，分别是盘子模型的创建和苹果模型的创建。本例主要学习"车削"命令的使用。果盘效果如图 1-4-13 所示。

图　1-4-13

1. 盘子模型的创建

1）启动 3ds Max 软件，将单位设置为毫米。

2）绘制盘子剖面线。单击"创建"→"图形"→"线"按钮，在前视图中用线命令绘制出盘子的剖面线，如图 1-4-14 所示。

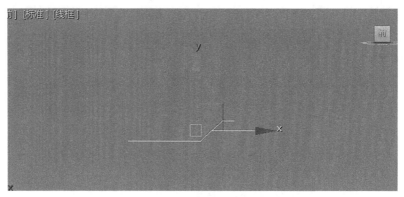

图　1-4-14

3）添加轮廓。单击"修改"进入"修改器"面板，再进入"样条线"层级，为绘制的线型添加一个轮廓，大小比例控制合适，效果如图1-4-15所示。

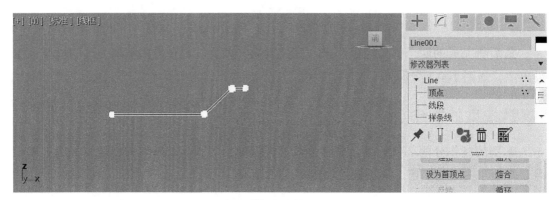

图　1-4-15

4）圆角操作。进行"顶点"层级，选择右侧的顶点，单击"圆角"按钮，在前视图中拖动光标，调整圆角效果。调整完成后退出"顶点"级别。

5）执行"车削"命令。在"修改器列表"中执行"车削"命令，勾选"焊接内核"选项，如图1-4-16所示。为了让盘子更圆滑一些，将"分段"参数设置为30，单击"对齐"项下的"最小"按钮，效果如图1-4-17所示。

图　1-4-16

图　1-4-17

2.苹果模型的创建

1）绘制苹果剖面线。在前视图上用"线"命令绘制出苹果的剖面线，形状效果如图1-4-18所示。

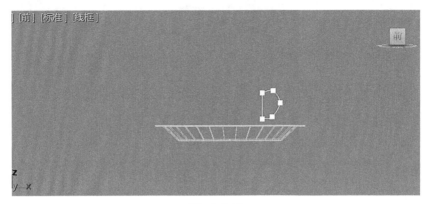

图 1-4-18

2）执行"车削"命令。在"修改器列表"中执行"车削"命令，单击"对齐"分类下的"最小"按钮，效果如图1-4-19所示。

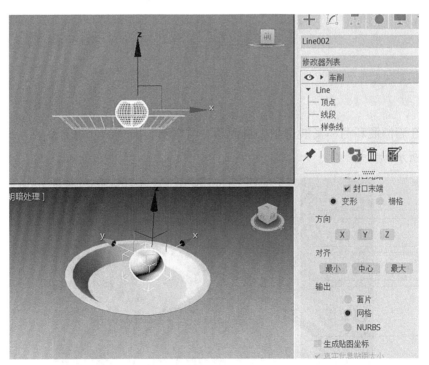

图 1-4-19

3）将制作的苹果复制多个，并对大小与形状进行修改（图1-4-20），用"线"工具绘制果柄，最终效果如图1-4-13所示。

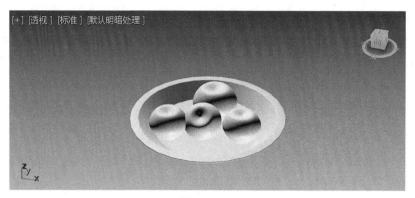

图 1-4-20

小贴士

● 在执行时，通过单击"对齐"分类下的"最小""中心""最大"按钮，可以得到不同的造型。

● 在绘制线形时，为了控制整体的形状，首先使用"角点"方式绘制出来，然后再进行修改。

● 在激活"顶点""线段""样条线"层级时，建议使用快捷键，它们分别是：<1>、<2>、<3>。

● "车削"命令：即旋转命令，也就是一个截面或者一条线绕轴旋转成一个对象，可以选择绕X、Y、Z各轴向旋转。

【自主练习】

制作红酒酒瓶和酒杯套装造型，巩固学习"车削"命令的使用与修改，完成效果如图 1-4-21 所示。

图 1-4-21

【简约室内门模型的制作】

本例主要学习"倒角"命令的使用。室内门如图 1-4-22 所示。

图　1-4-22

1）启动 3ds Max 软件，将单位设置为毫米。

2）在前视图中绘制矩形，大矩形为 2000mm×800mm，小矩形为 300mm×520mm，将小矩形均匀排放，如图 1-4-23 所示。选择其中一个矩形，执行"编辑样条线"命令，将它们附加为一体。

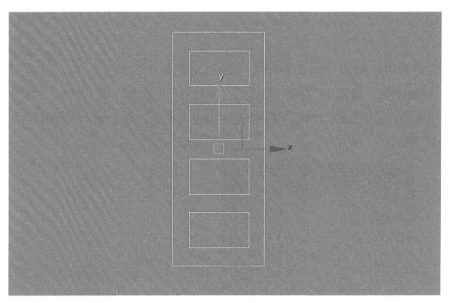

图　1-4-23

3）添加"倒角"修改命令。调整参数"级别 1"中的"高度"为 5mm，"轮廓"为 7mm；"级别 2"中的"高度"为 40mm，"轮廓"为 0；"级别 3"中的"高度"为 5mm，

"轮廓"为 0mm。参数设置及效果如图 1-4-24 所示。

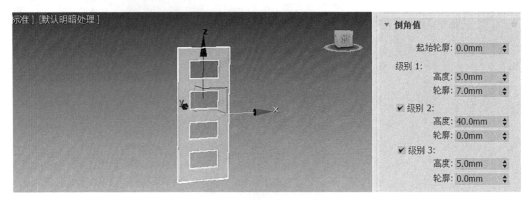

图 1-4-24

4）在小矩形的位置创建一个 300mm×520mm 的矩形，然后执行"挤出"修改命令，"数量"参数设置为 20mm，位置如图 1-4-25 所示，效果如图 1-4-26 所示。

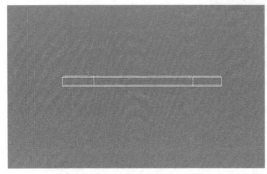

图 1-4-25

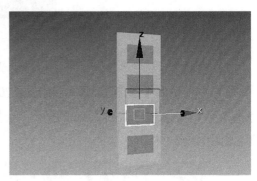

图 1-4-26

5）在前视图中创建一个 260mm×480mm 的矩形，调整好位置，添加"倒角"修改命令。调整参数"级别 1"中的"高度"为 5mm，"轮廓"为 10mm；"级别 2"中的"高度"为 40mm，"轮廓"为 0；"级别 3"中的"高度"为 5mm，"轮廓"为 -10mm，如图 1-4-27 所示。

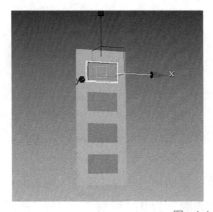

图 1-4-27

6）用"线"命令绘制出把手的形状，如图 1-4-28 所示。然后执行"倒角"修改命令，调整参数"级别 1"中的"高度"为 9mm，"轮廓"为 9mm；"级别 2"中的"高度"为 2mm，"轮廓"为 -2mm，如图 1-4-28 所示。最终效果如图 1-4-29 所示。

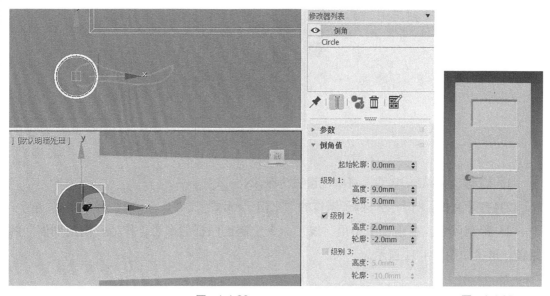

图　1-4-28　　　　　　　　　　　　　　　图　1-4-29

小贴士

● 使用"倒角"命令可以制作一些带有倒角命令的物体，如倒角文字、家具的边缘等。

● "倒角"命令使用的方法是，先把要应用命令的物体转换成可编辑多边形；再在多边形编辑层级下选中要做倒角的面，添加"倒角"命令。

【门套模型的制作】

市面上普遍的套装门是由两部分组成，一部分是如上例中做出的门体部分，另一部分是门套。门套直接安装在墙体的门洞上，门再借助合页安装在门套上。本例通过门套的制作来学习"倒角剖面"命令的使用。门套效果如图 1-4-30 所示。

图　1-4-30

1）启动 3ds Max 软件，将单位设置为毫米。

2）打开文件。打开上一例子制作的"木门．max"文件。

3）绘制路径。在前视图中用"线"命令绘制出门框的形态，作为"倒角剖面"的路径，形状如图 1-4-31 所示。

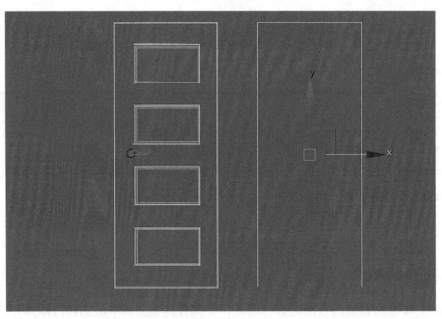

图　1-4-31

4）绘制截面。在顶视图中用"线"命令绘制出门套的截面图形。在绘制的时候为了保证比例，用一个 240mm×100mm 的矩形作为参考，绘制截面图形，如图 1-4-32 所示。

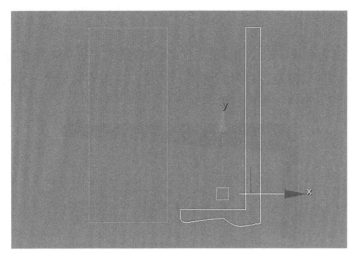

图 1-4-32

5）生成门套。确认路径处于被选择状态，执行"修改器列表"中的"倒角剖面"命令，选择"经典"模式，单击"拾取剖面"按钮，在顶视图中单击截面图形，此时门套形成，如图 1-4-33 所示。

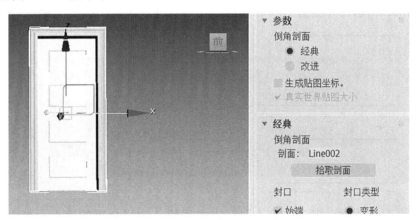

图 1-4-33

6）调整门套。如果感觉门套的大小和方向与门不匹配，可以进入"修改器列表"中"倒角剖面"的下一层级"剖面 Gizmo"，调整其位置直到效果合适为止。

● 如果读者发现制作的门套是翻转的，可以选择"剖面线"，然后进入"样条线"子层级，单击下方的"镜像"按钮就可以调整过来。

● "倒角剖面"：提供一个二维图形作为倒角的轮廓线，再提供一个二维图形作为截面线，然后选择截面线，使用"倒角剖面"命令，拾取轮廓线，使截面线沿轮廓线运动生成三维模型。

【窗帘模型的制作】

窗帘是居家室内环境中必不可少的一部分。合适的窗帘集美观性与实用性为一体。窗帘有布艺窗帘、PVC窗帘、百叶窗等不同类型。本例通过制作一款布艺窗帘来学习"放样"命令的使用。窗帘效果如图1-4-34所示。

图 1-4-34

1）绘制截面图形。打开3ds Max软件，使用"线"命令在顶视图中绘制出窗帘的两条截面图形，命名为"截面1"和"截面2"，线条褶皱的一条疏，一条密，如图1-4-35所示。

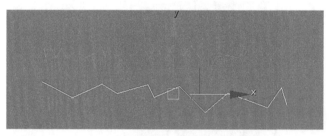

图 1-4-35

2）修改顶点类型。进入"顶点"子对象层级，选择全部的顶点，单击鼠标右键，在弹出的菜单中将顶点的类型更改为"平滑"，如图1-4-36所示。

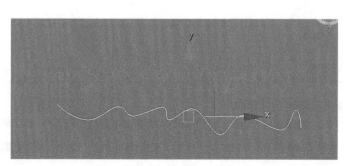

图 1-4-36

3）绘制路径。在前视图中从上向下绘制一条直线，作为窗帘的放样路径，如图 1-4-37 所示。

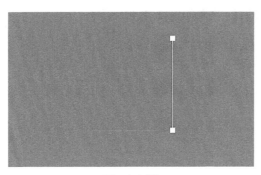

图　1-4-37

4）执行"放样"命令。保持直线的选中状态，选择"创建"→"几何体"→"复合对象"中的"放样"命令，单击获取图形，在顶视图中单击比较密的截面图形。将参数"路径"的百分比设置为 100，再次单击获取图形，在顶视图中单击比较疏的截面图形。效果如图 1-4-38 所示。

图　1-4-38

5）设置对齐方式。进入"修改器"命令面板，进入放样后窗帘的"图形"子对象层级，然后在前视图中选中放样物体的两个截面，单击"对齐"卷展栏中的"左"按钮，改变造型的对齐方式，如图 1-4-39 所示。

图　1-4-39

6）调节缩放变形。退出"图形"子对象层级，展开"变形"卷展栏，单击"缩放"按钮，此时将弹出"缩放变形"窗口，在曲线上添加节点，并对节点进行调整，如图 1-4-40 所示。调整后的效果如图 1-4-41 所示。

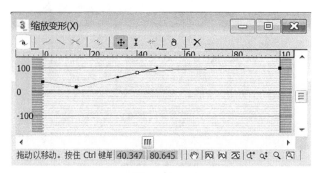

图　1-4-40

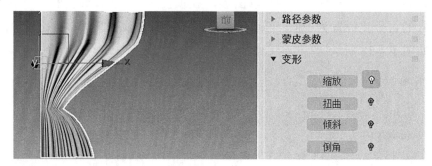

图　1-4-41

7）制作窗帘环。在顶视图中创建一个圆环，并使用"选择并均匀缩放"工具在顶视图中将其沿 Y 轴压扁，并移动到窗帘的中间，如图 1-4-42 所示。

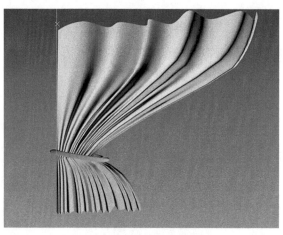

图　1-4-42

8）将创建好的一半窗帘进行镜像复制，得到另一边的窗帘，如图 1-4-43 所示。

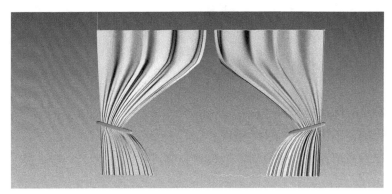

图 1-4-43

9）复制放样物体，取消缩放变形，选择"放样"下的"图形"子对象层级，删除下方的截面图形，调整其位置，作为窗纱。创建地面和灯光，渲染测试，最终效果如图 1-4-44 所示。

图 1-4-44

小贴士

● "放样"是建模中常用的一种方法，除了基本的放样操作外，还可以通过调整各种变形参数，来制作出更加复杂的外形。

● 路径的起始方向不同，在调整时的方向也是不同的。

● 绘制的路径长度要根据截面的长度来决定。

● "放样"：是将一个二维形体沿某个路径的剖面，生成复杂的三维物体的命令。同一路径上可在不同的段给予不同的形体。

四、任务评价

1）模型符合实际比例与尺寸。

2）模型正确，不出现结构性的错误。

3）建模手法使用得当，修改器参数设置正确。

五、必备知识

在掌握了餐厅模型的设计方法之后，餐厅模型库中的模型依据不同的设计风格，也分为现代简约风格、中式风格、欧式风格等。例如，中式风格的餐厅模型更讲究对称，造型古朴，更能反映中国传统文化的审美观；而欧式风格的餐厅模型更多地采用欧式纹样和造型，展现西方的文化底蕴。在模型库的建立时，要注意区分不同风格模型的特点。

六、触类旁通

结合以上关于餐厅的建模知识，尝试给客户王女士设计一些其他餐厅模型库中必备的模型，并从实用性和美观性两方面考虑模型的设计思路。

任务五　卫浴模型库设计

一、任务情境

卫浴空间，顾名思义，是为居住者提供洗浴、方便、盥洗等卫生活动的空间，即卫生间。在人们越来越重视居家质量的形势下，卫浴空间不再局限在洗浴的范畴，而是被同时赋予放松心情、沉淀心灵的作用。在卫浴空间的设计过程中，要兼顾功能性、美观性、安全性和实用性。

现代家居设计中，根据户型的不同，卫浴空间会分为公用卫生间和卧室套带的卫生间等不同类型。但是卫生间的基本功能都大同小异。因此，设计师要求小陈以常见的卫浴模型为例，建立卫浴空间的模型库。

二、任务分析

在室内设计的三维建模过程中，我们已经学习了三维几何体建模、二维线型建模和二维转三维的修改器建模。但是在室内家居空间丰富的模型里，仍然有大量的精致模型是以上三种建模方法不能直接实现的，这部分模型的创建都用到了建模最核心的技术——三维模型的修改。在卫浴模型库设计过程中，我们通过介绍以下几种常见的模型来介绍三维模型的修改。

- 浴缸
- 口杯
- 口红
- 水龙头

三、任务实施

【浴缸模型的制作】

本例通过制作一个方形浴缸来学习将三维物体转换为"可编辑多边形"，然后再通过内部的编辑命令制作出需要的造型。浴缸效果如图 1-5-1 所示。

1）启动 3ds Max 软件，将单位设置为毫米。

2）创建长方体。在顶视图中创建一个 1500mm×700mm×380mm 的长方体，将段数设为 6×4×4，如图 1-5-2 所示。

图 1-5-1

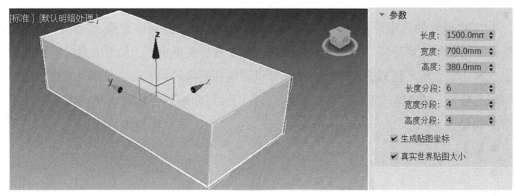

图 1-5-2

3）在透视图中单击鼠标右键，选择"转换为"→"转换为可编辑多边形"命令，将长方体转换为可编辑多边形。

4）按下 <1> 键，进入"点"子对象层级，在顶视图中选择不同的点进行移动，效果如图 1-5-3 所示。

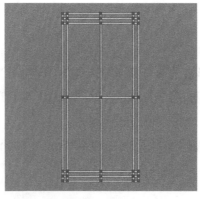

图 1-5-3

5）调整形态。按下 <4> 键，进入"多边形"子对象层级，在透视图中选择中间上面的 4 个大面，单击"倒角"右侧的按钮，在弹出的对话框中设置参数，如图 1-5-4 所示。

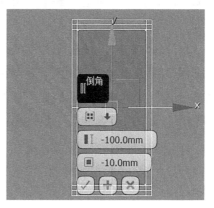

图 1-5-4

6）单击两次"应用并继续"按钮，如图 1-5-5 所示，单击"确定"按钮。关闭"多边形"子对象层级，退出"可编辑多边形"命令。

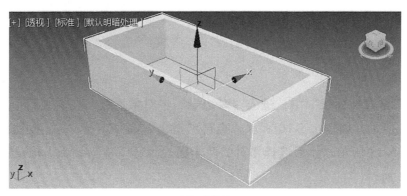

图 1-5-5

7）平滑造型。在"修改器"面板中勾选"细分曲面"项下的"使用 NURMS 细分"选项，修改"迭代次数"为 2，使浴缸模型表面光滑，效果如图 1-5-6 所示。

图 1-5-6

【口杯模型的制作】

本例的制作分两部分完成，分别是口杯杯身的创建和杯子把手的编辑。主要学习"多边形编辑"的使用。口杯效果如图1-5-7所示。

图 1-5-7

1）打开3ds Max软件，设置单位为毫米。在顶视图中创建一个圆柱体，设置参数"半径"为40mm，"高度"为120mm，"高度分段"为8，"端面分段"为2，并将圆柱体转换成可编辑多边形，如图1-5-8和图1-5-9所示。

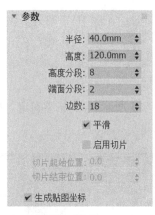

图 1-5-8

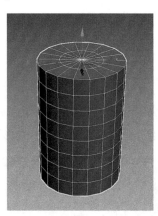

图 1-5-9

2）在"修改器列表"中，进入"多边形"子对象层级，在前视图中选择制作杯子把手的多边形，如图1-5-10所示。执行"挤出"命令，按"+"按钮连续挤出三次，如图1-5-11所示。然后选择相对的两个面，执行"桥"命令，并设置分段为3，如图1-5-12所示。

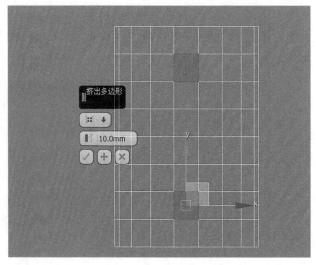

图 1-5-10

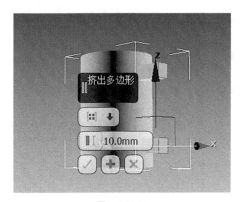

图 1-5-11

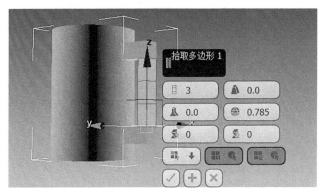

图 1-5-12

3）进入"顶点"级别，在左视图中框选把手的点，调整其形状，如图 1-5-13 所示。

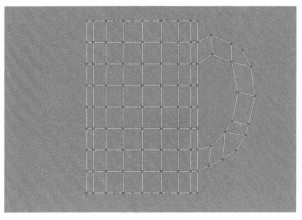

图 1-5-13

4）制作杯子口。进入"边"子对象层级，选择端面的一条边，如图 1-5-14 所示。单击"循环"，这样与这条边在一条线上的边都选中了，如图 1-5-15 所示。缩放选中的一圈边，如图 1-5-16 所示。

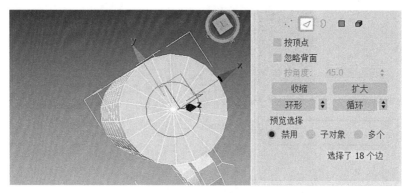

图 1-5-14

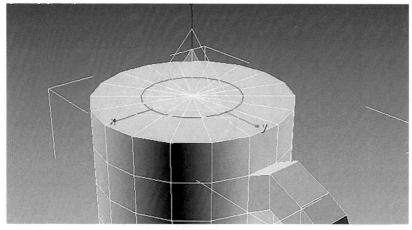

图 1-5-15

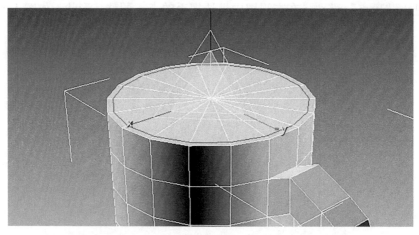

图 1-5-16

5）进入"多边形"子对象层级，使用"选择"工具，勾选"忽略背面"选项，从顶视图中选择要挤出的多边形，执行"挤出"命令，挤出 -110mm 左右，如图 1-5-17 和图 1-5-18 所示。

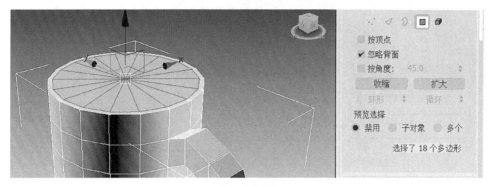

图 1-5-17

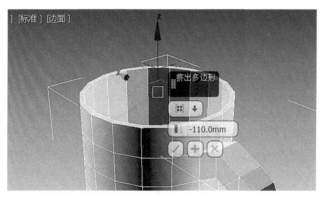

图 1-5-18

6）使用"循环"方式，选择杯子口和底部的四条边，如图 1-5-19 所示。执行"切角"命令，设置"切角量"为 0.2mm，如图 1-5-20 所示。

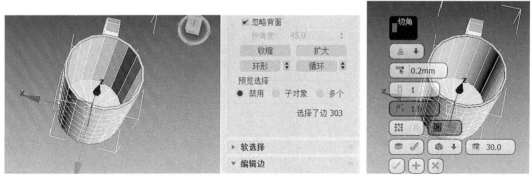

图 1-5-19   图 1-5-20

7）退出子对象层级，在"修改器列表"中选择"网格平滑"命令，设置"迭代次数"为 2，完成杯子的制作，如图 1-5-21 所示。

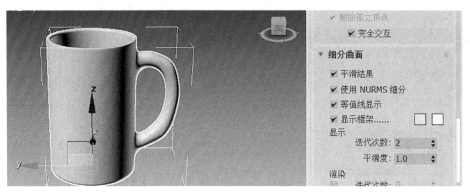

图 1-5-21

【口红模型的制作】

本例主要学习多边形的"插入"命令。口红的效果如图 1-5-22 所示。

图 1-5-22

1. 制作口红底座

1）打开 3ds Max 软件，在顶视图中创建一个圆柱体，参数如图 1-5-23 所示。将圆柱体转换成可编辑多边形，如图 1-5-24 所示。

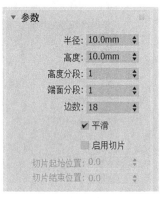

图 1-5-23

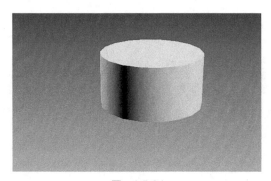

图 1-5-24

2）在"修改器列表"中，进入"多边形"子对象层级，选择圆柱体顶面的多边形，使用"插入"命令，插入新的多边形，插入量为 1mm，如图 1-5-25 所示。

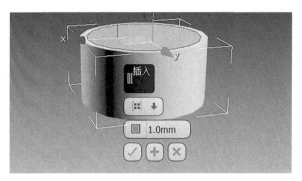

图　1-5-25

3）使用"挤出"命令，向上挤出新的多边形，挤出高度为 25mm，如图 1-5-26 所示。再次执行"插入"命令，插入量为 1mm，执行"挤出"命令，挤出高度为 -5mm，如图 1-5-27 所示。

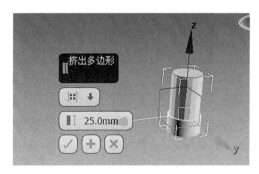

图　1-5-26

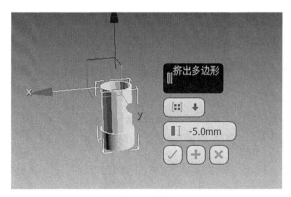

图　1-5-27

4）进入"边"子对象层级，选择所有的边，然后进行"切角"操作，边切角量为 0.03mm，如图 1-5-28 所示。在"修改器列表"中添加"网格平滑"命令，设置"迭代次数"为 2，效果如图 1-5-29 所示。

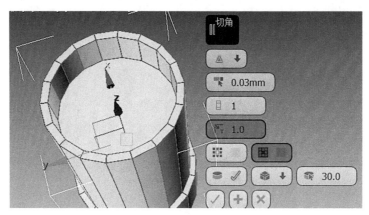

图　1-5-28

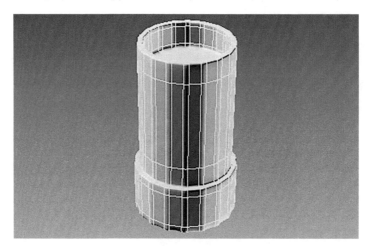

图　1-5-29

2. 制作口红帽

1）在顶视图中创建一个圆柱体，设置参数"半径"为10mm，"高度"为40mm，"高度分段数"和"断面分段数"都为1的圆柱体，并转换为可编辑多边形，如图1-5-30所示。

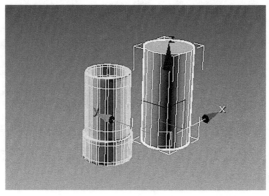

图　1-5-30

2）在"修改器列表"中，进入柱体的"多边形"子对象层级，选择顶面的多边形，使用"插入"命令，插入新的多边形，插入量为 1mm，如图 1-5-31 所示。

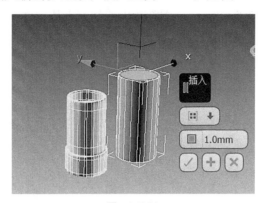

图　1-5-31

3）使用"挤出"命令，向上挤出新的多边形，挤出高度为 -37mm，如图 1-5-32 所示。

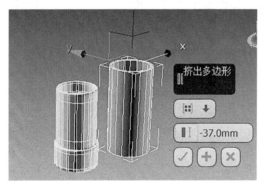

图　1-5-32

4）进入"边"子对象层级，在透视图中选择所有圆周的边，进行"切角"操作，切角量为 0.03mm，如图 1-5-33 所示。

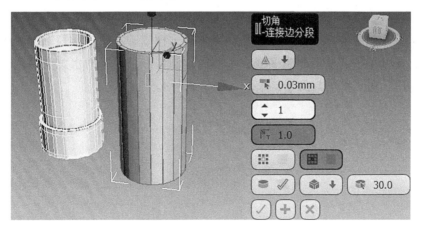

图　1-5-33

3.制作膏体部分

1）在顶视图中创建一个半径为 7.5mm、高度为 40mm 的胶囊体，并调整其位置。在顶视图中创建一个长度为 25mm、分段数为 6 的立方体，在前视图中旋转 45°，并移动立方体使之与胶囊体相交，如图 1-5-34 所示。

图 1-5-34

2）选择胶囊体，在创建面板中选择"复合对象"中的"ProBoolean"命令，单击"开始拾取"按钮，然后单击立方体，将胶囊体和立方体相交部分减去，如图 1-5-35 所示。

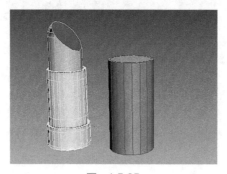

图 1-5-35

【水龙头模型的制作】

水龙头是卫浴空间最常见的用品。从洗手盆上精致的水龙头，到拖把池边上造型简单的水龙头，水龙头的造型非常多变。本例通过制作一个简单的水龙头模型，来学习多边形的"倒角"和"挤出"命令。水龙头效果如图 1-5-36 所示。

图 1-5-36

1) 打开 3ds Max 软件，设置单位为毫米。在顶视图中创建一个长方体，参数如图 1-5-37 所示。将长方体转换成可编辑多边形，如图 1-5-38 所示。

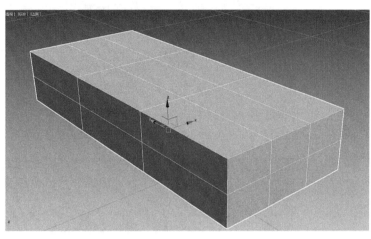

图 1-5-37　　　　　　　　　　　　　　　图 1-5-38

2) 进入"顶点"子对象层级，调整点的位置，如图 1-5-39 所示。

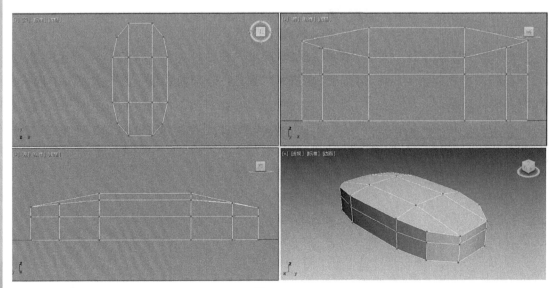

图 1-5-39

3) 进入"多边形"子对象层级，选中上部的面，执行"倒角"命令，参数如图 1-5-40 所示。保持选区，执行"挤出"命令，如图 1-5-41 所示。

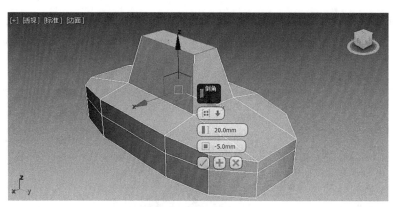

图 1-5-40

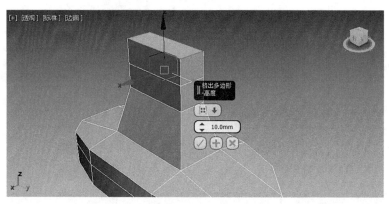

图 1-5-41

4）选中前部的面，执行"倒角"和"挤出"命令，如图 1-5-42 所示。连续单击"+"按钮四次，如图 1-5-43 所示。然后进入"顶点"子对象层级，调整水龙头的形状，如图 1-5-44 所示。

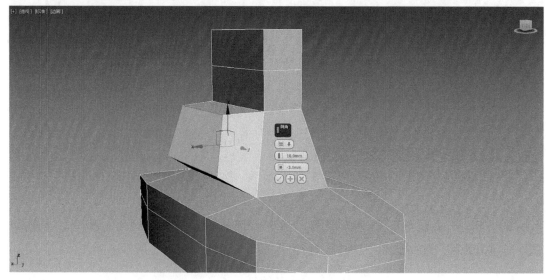

图 1-5-42

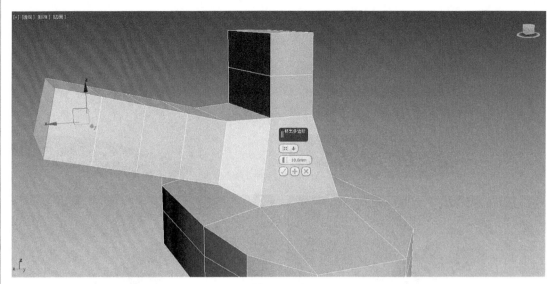

图　1-5-43

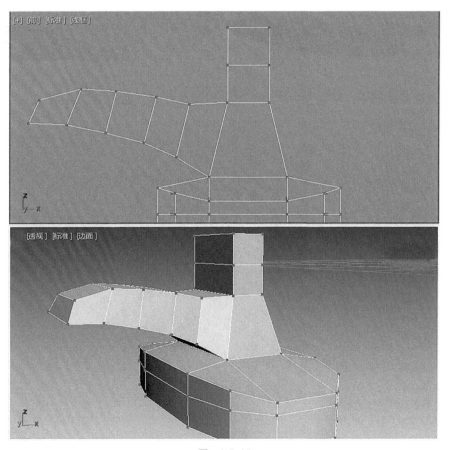

图　1-5-44

5）使用"多边形"子对象层级中的"插入"命令和"挤出"命令，制作出水口，如图 1-5-45 所示。

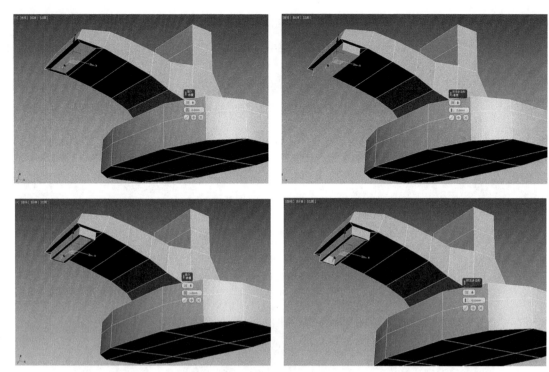

图 1-5-45

6）调整开关部分，框选上方的点，缩放后调整位置，如图 1-5-46 所示。

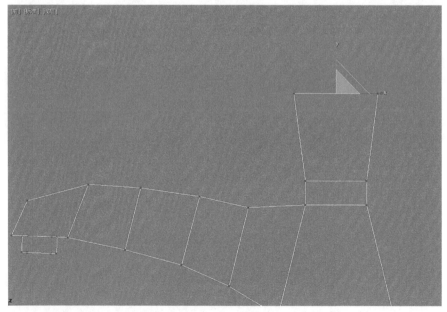

图 1-5-46

7）进入"多边形"子对象层级，选中顶部的面，再次执行"挤出"命令两次，如图 1-5-47 所示，然后进入"顶点"子对象层级，调整顶点的位置。完成后效果如图 1-5-48 所示。

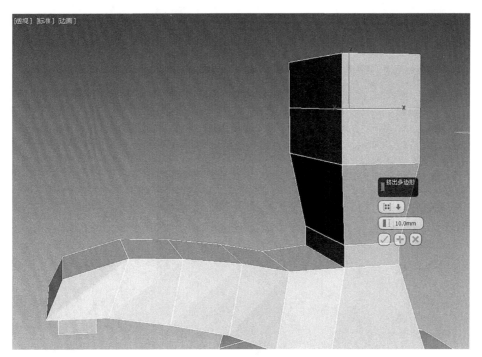

图 1-5-47

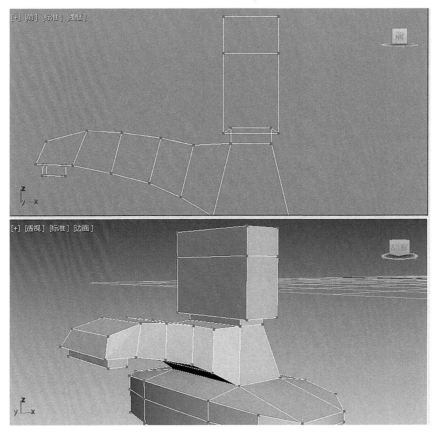

图 1-5-48

8）选中前部小的面，执行"挤出"命令，如图 1-5-49 所示，并且调整形状，如图 1-5-50 所示。

图　1-5-49

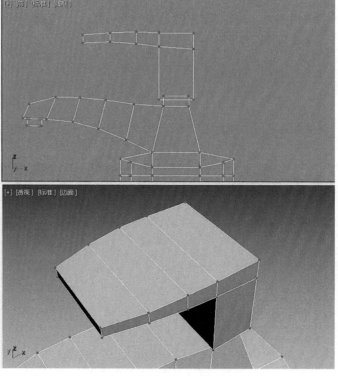

图　1-5-50

9）执行"网格平滑"命令，完成水龙头模型的制作，如图 1-5-51 所示。

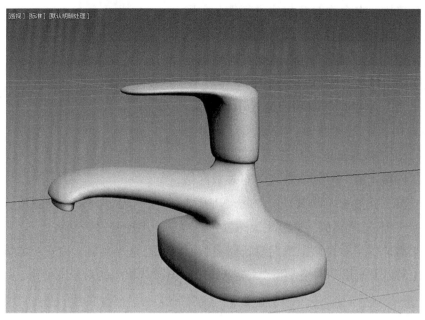

图 1-5-51

四、任务评价

1）模型符合实际比例与尺寸。
2）模型正确，不出现结构性的错误。
3）建模手法使用得当，修改器参数设置正确。

五、必备知识

在使用多边形编辑的建模过程中，大多数模型在完成了基本型的创建后都用到了"网格平滑"来对模型进行最后的平滑处理。这是建模过程中常用的一个操作。

"网格平滑"是在创建三维形体后，设置合理的分段数，加入"网格平滑"命令，设置迭代次数，系统对三维模型进行自动平滑处理。其中，需要注意的是，对于需要加入"网格平滑"修改器的物体，需要在保持外形的边上进行切角操作，这样才能在加入修改器时不会产生变形。

"网格平滑"修改器通过多种不同方法平滑场景中的几何体。它允许对几何体进行细分，同时在角和边上插补新面的角度以及将单个平滑组应用于对象中的所有面。"网格平滑"的效果是使角和边变圆，就像它们被锉平或刨平一样。使用"网格平滑"参数可控制新面的大小和数量，以及它们如何影响对象曲面。对建模对象使用"网格平滑"后的效果如图1-5-52所示。

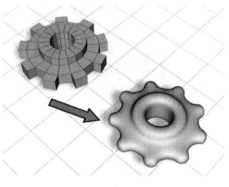

图 1-5-52

使用"网格平滑"可生成非均匀有理数网格平滑对象（英文缩写为 NURMS）。此 NURMS 对象与可以为每个控制顶点设置不同权重的 NURMS 对象相似。通过更改边权重，可进一步控制对象形状。

网格平滑的效果在锐角上最明显，而在弧形曲面上最不明显。应在长方体和具有尖锐角度的几何体上使用"网格平滑"，避免在球体和与其相似的对象上使用。

六、触类旁通

结合以上关于卫浴空间的建模知识，尝试给客户王女士设计一些其他卫浴模型库中必备的模型，并从实用性和美观性两方面考虑模型的设计思路。

项目二　客厅模型设计

【项目说明】

　　设计助理小陈在经过上一段时间的家居模型库制作后，对家居设计的理解和 3ds Max 软件的使用有了更深一步的认识。设计师要求小陈可以尝试从客户王女士三室两厅的家居设计案例入手，来学习设计和制作三维室内装饰效果图。要进行三维室内装饰效果图的制作，首先要针对客户的房型进行空间建模。小陈就从客厅开始，对客厅空间进行三维模型创建。

【建议课时】

任务一　客厅房体模型设计——4 学时

任务二　客厅硬装模型设计——6 学时

任务三　客厅软装模型设计——2 学时

合计——12 学时

任务一　客厅房体模型设计

一、任务情境

设计师助理小陈所面对的客户王女士的新房，是一个三室两厅 140m² 的高层住宅，户型结构如图 2-1-1 所示。根据王女士的年龄、职业、家庭结构等特点，小陈计划为王女士重点推荐现代风格的家居设计方案。要想做出逼真的三维设计效果图，小陈首先需要针对王女士的房子户型，进行客厅的房体模型设计。

图　2-1-1

二、任务分析

客厅空间的房体模型设计主要针对客厅实际结构和尺寸，在 3ds Max 中创建 1∶1 的房体空间，真实再现客厅房体的结构，并在此基础上，进行后面的室内硬装和软装设计。所以，客厅的房体模型设计是家居室内设计效果图制作的基础。

一般而言，设计师会在客户提供的房型资料的基础上，亲自实地进行看房和量房。以客厅为例，在量房的过程中，设计师不仅要取得客厅各个墙体的长、宽、高等各项尺寸数据，还应对顶部横梁、墙体立柱、电线端口、网线端口、有线电视端口等结构进行详细记录，作为之后设计的参考和依据。并根据量房得到的一手数据，在 AutoCAD 中，作出最初的原始户型结构图。创建房体模型的主要依据就是这个原始户型结构图。在这个任务中，主要包括以下几个方面。

- 房体建模的方法
- 门窗、踢脚线的模型制作
- 客厅设计方法介绍

三、任务实施

【房体模型创建】

1）导入 CAD 平面图。执行"文件"→"导入"命令，将要导入的 CAD 文件导入场景中，如图 2-1-2 所示。

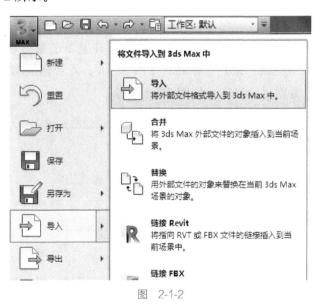

图 2-1-2

2）将 CAD 图纸成组。在顶视图中框选要成组的 CAD 室内平面图，在菜单栏中选择"组"→"组"命令，如图 2-1-3 所示。

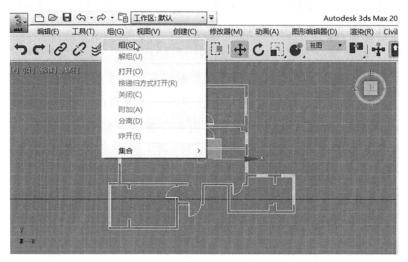

图 2-1-3

3）在弹出的"组"对话框中输入组名，单击"确定"按钮，如图 2-1-4 所示。

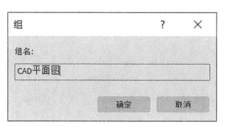

图 2-1-4

4）归零。在工具栏中的"选择并移动" ✛ 工具上单击鼠标右键，在弹出的"移动变换输入"对话框中更改"绝对：世界"中的 X、Y、Z 坐标值均设为 0，将 CAD 图纸坐标回归到原点，方便以后操作，如图 2-1-5 所示。

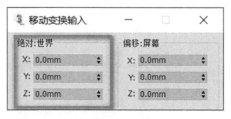

图 2-1-5

5）冻结 CAD 平面图。在视图中选中 CAD 室内平面图，单击鼠标右键，在弹出的下拉列表中选择"冻结当前选择"命令，将 CAD 室内平面图冻结，方便以后建模时拾取，如图 2-1-6 所示。

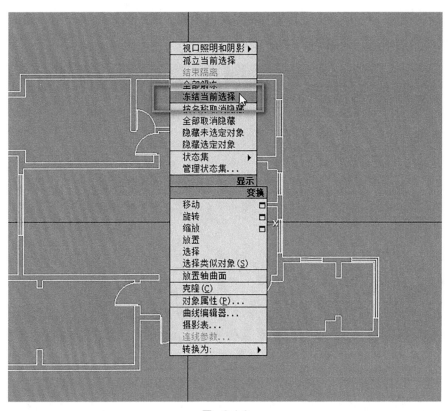

图　2-1-6

6）设置捕捉。在工具栏中选择"捕捉开关"工具，单击鼠标右键，在弹出的"栅格和捕捉设置"对话框中设置捕捉为"端点"和"顶点"，"选项"中勾选"捕捉到冻结对象"选项，如图 2-1-7 所示，这样才能对冻结的对象进行捕捉，创建室内模型。

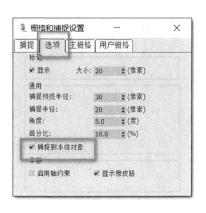

图　2-1-7

7）绘制线条。使用"线"工具沿着客厅、走廊、餐厅区域绘制一圈，如图 2-1-8 所示。形成闭合的线条，如图 2-1-9 所示。

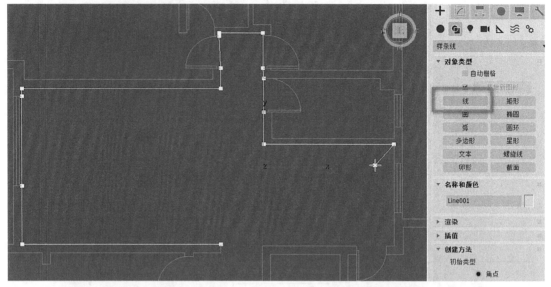

图 2-1-8

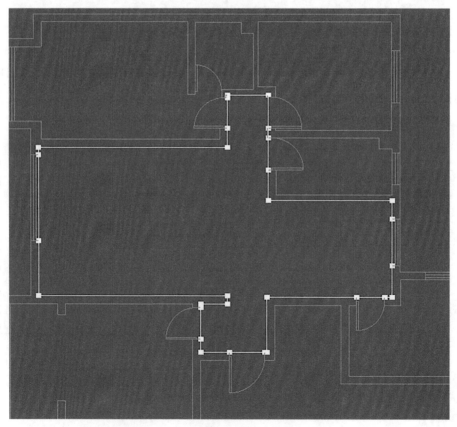

图 2-1-9

小贴士

● 在绘制的过程中，根据实际情况，随时用鼠标滚珠的前后滚动，对视图进行放大和缩小的操作。在放大之后的视图中，如果出现要绘制的线条超出了当前的视图范围，可以按<I>键随时将鼠标所在的位置重置于视图的中心。

8）挤出房体。在"修改器列表"中选择"挤出"命令，设置挤出数量为2800mm，如图2-1-10所示。

9）转换为可编辑的多边形。选中房体，单击鼠标右键，选择"转换为可编辑多边形"命令，将房体转换为可编辑的多边形，如图2-1-11所示。然后在"修改器列表"中进入"元素"子对象层级，单击"翻转"命令，将法线进行翻转，如图2-1-12所示。

图 2-1-10

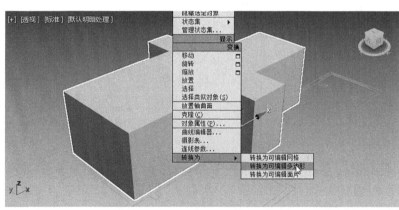

图 2-1-11

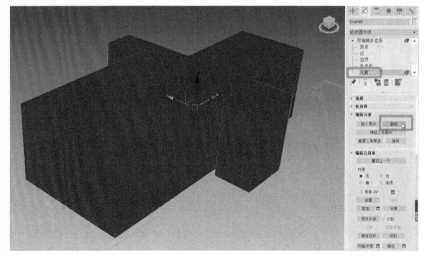

图 2-1-12

10）调整对象属性。选中房体，单击鼠标右键，打开"对象属性"对话框，勾选"背面消隐"选项，如图2-1-13所示，单击"确定"按钮，完成效果如图2-1-14所示。

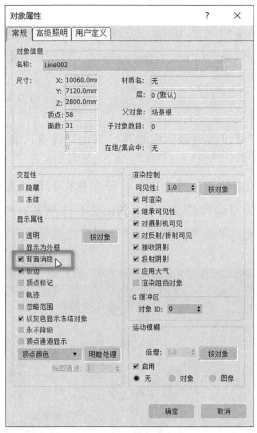

图 2-1-13

图 2-1-14

【门窗、踢脚线的模型制作】

1）制作门洞。进入"多边形"子对象层级，勾选"忽略背面"命令，如图 2-1-15 所示，选择所有的门洞的多边形，如图 2-1-16 所示。单击"切片平面"命令，设置切片的高度为 2000mm，然后单击"切片"命令，再次单击"切片平面"命令，如图 2-1-17 所示，完成门洞的裁切。

图 2-1-15

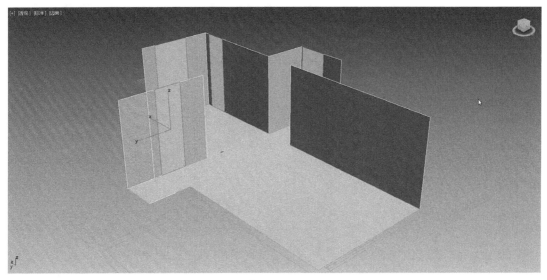

图 2-1-16

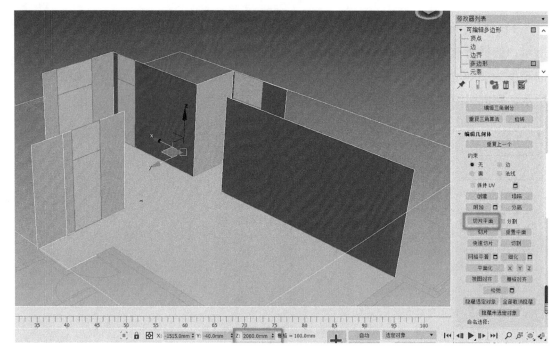

图　2-1-17

2）取消勾选"忽略背面"，按住 <Alt> 键，将上部分的多边形减选掉，剩下所有的门洞，如图 2-1-18 所示。接着执行"挤出"命令，挤出墙厚 -240mm，如图 2-1-19 所示。然后按 <delete> 键删除门洞的面，如图 2-1-20 所示。

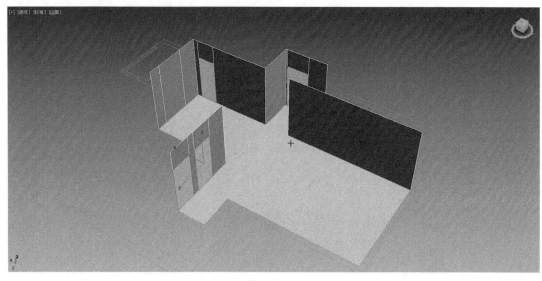

图　2-1-18

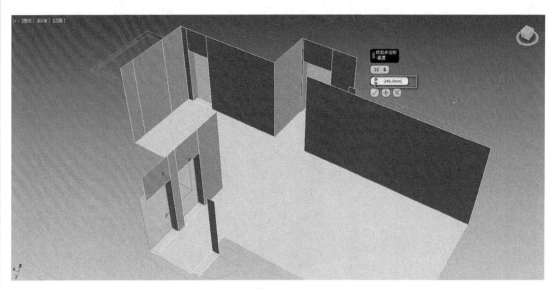

图 2-1-19

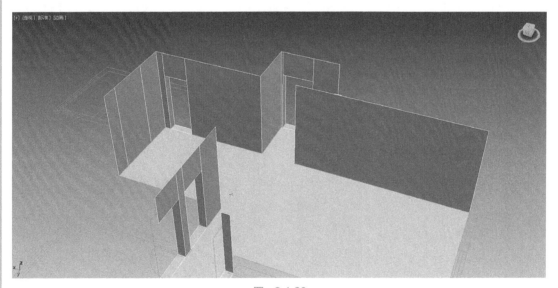

图 2-1-20

3）制作窗户洞。进入"边"子对象层级，选择窗户的左右两条边，执行"连接"命令，如图 2-1-21 所示，并且分别调整上下两条连线的高度为 2400mm、350mm，如图 2-1-22 和图 2-1-23 所示。

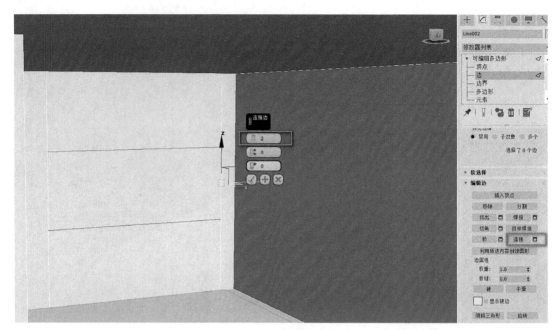

图 2-1-21

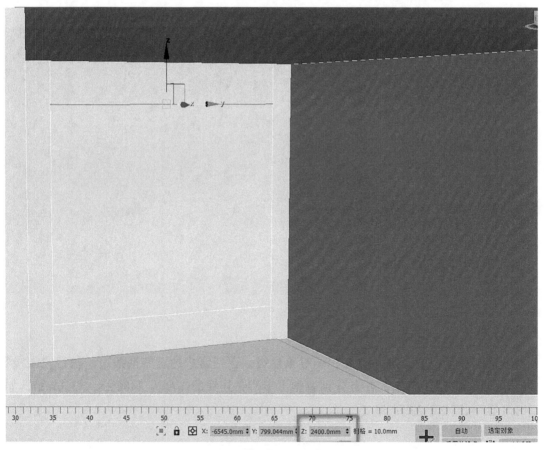

图 2-1-22

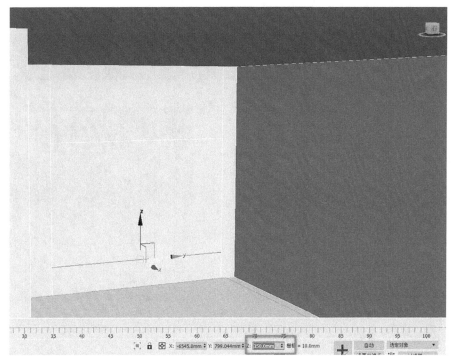

图　2-1-23

4）进入"多边形"子对象层级，选择窗洞的多边形，执行"挤出"命令，挤出墙厚 -240mm，如图 2-1-24 所示。然后按 <delete> 键删除窗洞的面，如图 2-1-25 所示。餐厅部分的窗洞采用同样的方法进行制作，上下两条连线的高度设定为 2400mm、900mm，如图 2-1-26 所示。

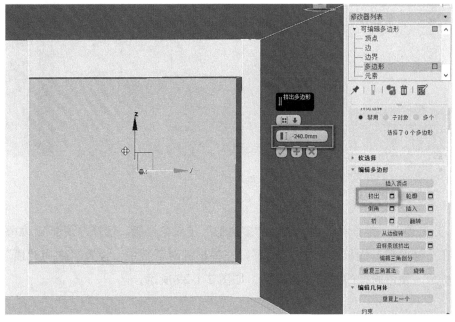

图　2-1-24

图 2-1-25

图 2-1-26

5）分离顶面、地面和墙面。进入"多边形"子对象层级，选择"顶面"，如图 2-1-27 所示，在"修改器"面板中单击"分离"，在弹出的对话框中，设置名称为"顶"，如图 2-1-28 所示。使用同样的方法分离地面，如图 2-1-29 所示。

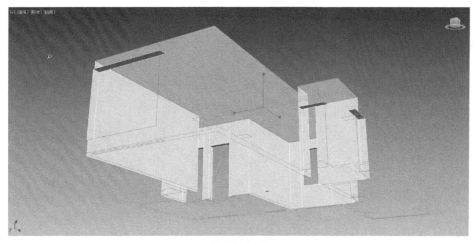

图　2-1-27

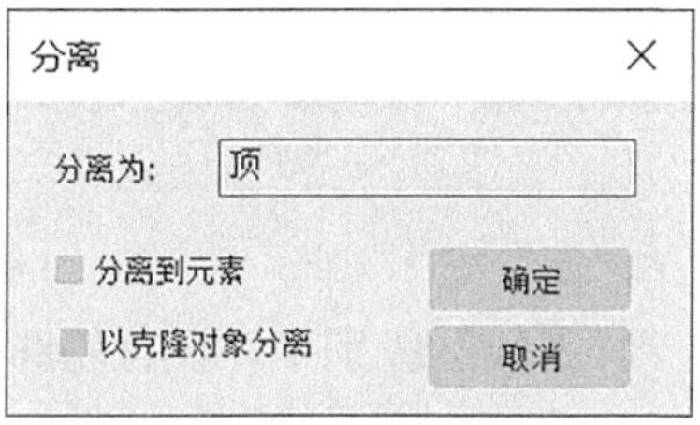

图　2-1-28

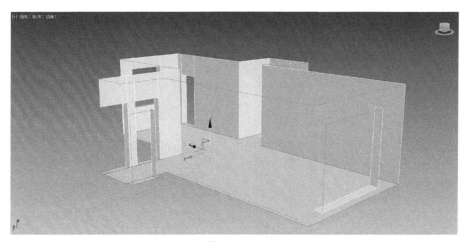

图　2-1-29

6）制作踢脚线。首先打开"捕捉开关"，创建线条，并且将"开始新图形"按钮取消选择，如图 2-1-30 所示。在顶视图中绘制踢脚线的部分，如图 2-1-31 所示。

图　2-1-30

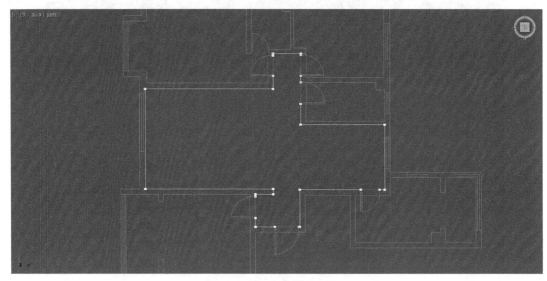

图 2-1-31

7）选择绘制的线条，在"样条线"级别下，设置轮廓为 10mm，如图 2-1-32 所示。接着执行"挤出"命令，挤出高度为 100mm，如图 2-1-33 所示。完成踢脚线的制作，踢脚线效果如图 2-1-34 所示。

图 2-1-32

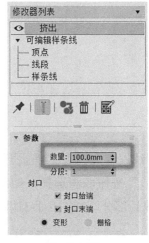

图 2-1-33

图　2-1-34

8）制作门套、窗套以及窗户模型。使用"倒角剖面"工具制作门套线和窗套线。首先绘制门的路径形状及门套的截面形状，如图 2-1-35 所示，然后采用"倒角剖面"工具，调整位置如图 2-1-36 所示。用同样的方法来创建窗套线，效果如图 2-1-37 所示，这些内容在前面的讲解中已经详细介绍过，在此不再展开。

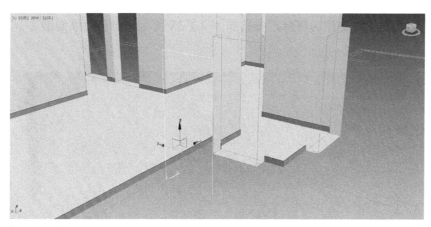

图　2-1-35

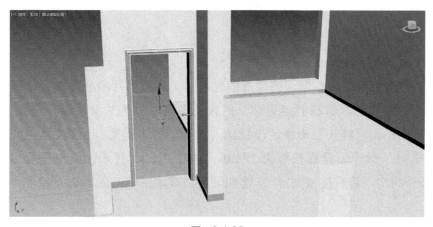

图　2-1-36

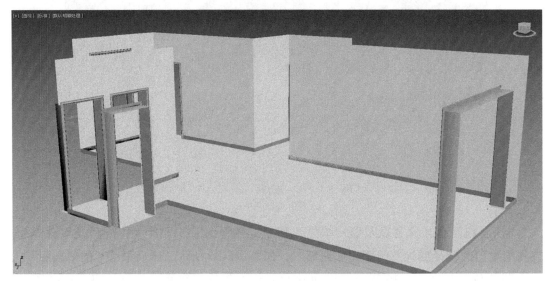

图 2-1-37

9）创建切角长方体作为窗台，参数如图 2-1-38 所示，窗台效果如图 2-1-39 所示。

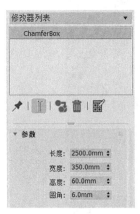

图 2-1-38

图 2-1-39

10）创建窗户模型。在窗洞的位置创建面片，调整面片的分段数，如图 2-1-40 所示。将面片转换为可以编辑的多边形，进入"多边形"子对象层级。选择所有的面，在修改面板中单击"插入"命令，设置插入类型为按多边形，设置数量为 20mm。然后单击"挤出"命令，设置数量为 20mm，如图 2-1-41 所示。如此重复"插入"和"挤出"命令两次，最后按 <delete> 键删除窗口玻璃的面，如图 2-1-42 所示，完成窗户的制作。

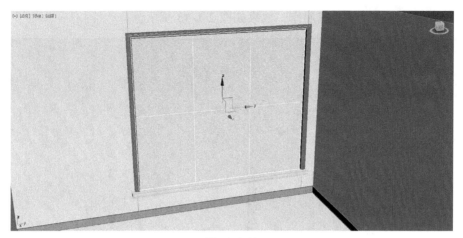

图 2-1-40

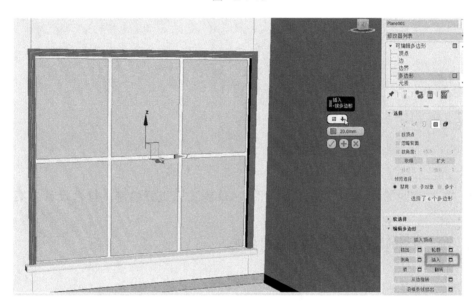

图 2-1-41

图 2-1-42

11）整理房体模型，完成制作，效果如图2-1-43所示。

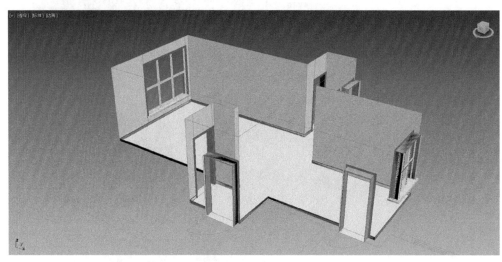

图 2-1-43

1）客厅空间的墙体和门窗严格按照CAD施工图进行绘制，符合设计方案的户型要求。

2）客厅模型的建模方法正确，流程合理。

客厅建模的过程，反映了室内设计建模的一般流程。结合CAD平面图的标准，室内设计建模通常需要遵循以下一些建模的规范要求：

1）房体高度：一般的公寓住宅，层高为3000mm。除去楼板和地板的厚度，一般的室内房间净高在2600~2800mm。室内效果图制作是根据实际情况选择房体的高度。

2）门：按照建筑标准，一般入户门的宽度为900mm，室内标准门的宽度为800mm，高度都为2000mm；卫生间的门可能略窄，也不能低于700mm。

3）窗：一般情况下，窗台离地面900mm，窗户高1500mm；如果是落地窗，窗台一般离地200mm左右；卫生间的窗台稍高，离地面1000mm左右。

六、触类旁通

结合以上关于客厅空间的模型设计知识，尝试给客户王女士选择几种不同风格的客厅空间方案，并从实用性和美观性两方面阐述方案的设计思路。

任务二 客厅硬装模型设计

一、任务情境

在前期的模型设计中，小陈在设计师的帮助下，根据客户王女士家客厅的空间布局，在 3ds Max 中完成了房体的模型制作。此时，房体中暂时空无一物，处于毛坯房的状态。接下来，小陈就要为客厅设计硬装的部分。

二、任务分析

客厅的硬装设计指的是为了满足客厅的结构、布局、功能、美观需要，添加在房屋表面或者内部的固定且无法移动的装饰物。传统的硬装主要是做结构，也就是对吊顶、墙面、地面的处理，以及对分割空间的实体、半实体等内部界面的处理。客厅的硬装设计主要体现以下几个方面。

- 吊顶模型设计
- 影视墙模型设计

三、任务实施

【吊顶模型设计】

1）创建客厅回形灯带。进入顶视图在客厅部分创建矩形，如图 2-2-1 所示。单击鼠标右键将矩形转换为可编辑样条线，进入"样条线"子对象层级，设置轮廓值为 300mm，然后执行"挤出"命令，挤出 60mm，如图 2-2-2 所示。在制作吊顶造型时，可以预留出窗帘盒造型，方便后期窗帘的安装。

图 2-2-1

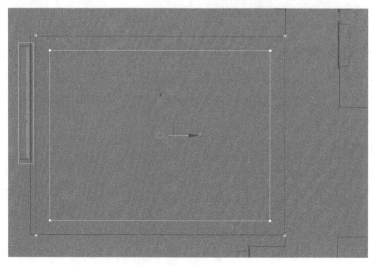

图 2-2-2

2）重复以上步骤，将轮廓值设置为150mm，然后执行"挤出"命令，挤出100mm，如图2-2-3所示。得到客厅部分吊顶结构，如图2-2-4所示。

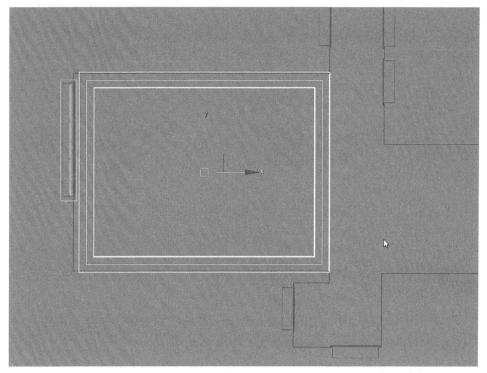

图 2-2-3

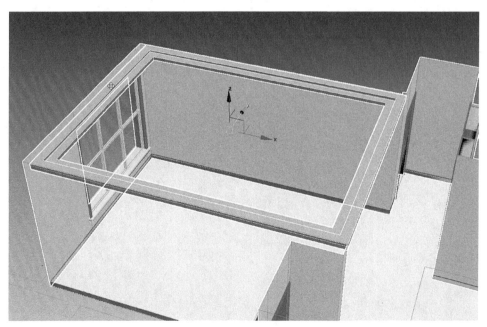

图 2-2-4

3）利用同样的方法完成走廊部分和餐厅部分的吊顶结构，如图2-2-5所示。

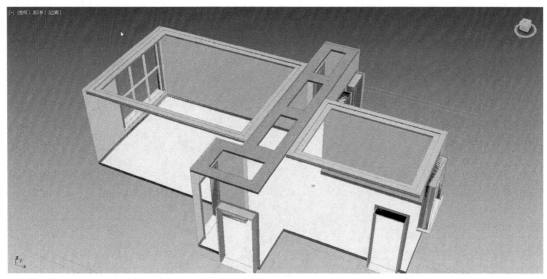

图 2-2-5

【影视墙模型设计】

1）在前视图中绘制矩形，如图 2-2-6 所示。单击鼠标右键，转换为可编辑样条线，进入"样条线"子对象层级，选择样条线，设置轮廓为 40mm， 如图 2-2-7 所示。设置挤出数量为 40mm，如图 2-2-8 所示。

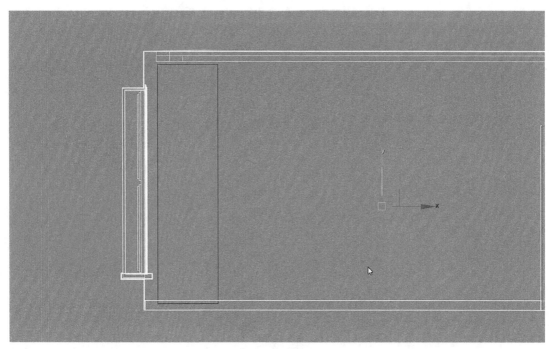

图 2-2-6

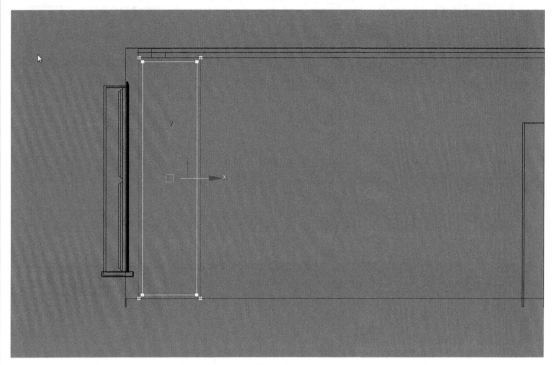

图　2-2-7

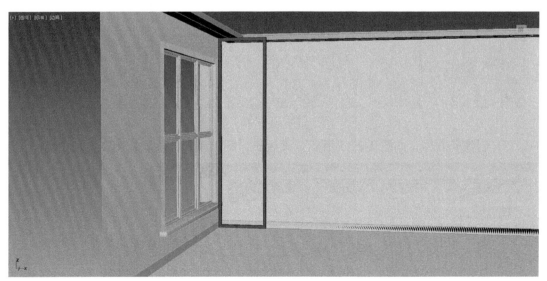

图　2-2-8

2）创建长方体，高度设置为 20mm，调整位置，使之镶嵌在刚才创建的框架里面，如图 2-2-9 所示。复制右侧的模型，如图 2-2-10 所示。

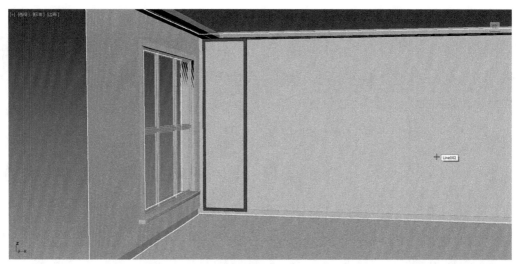

图 2-2-9

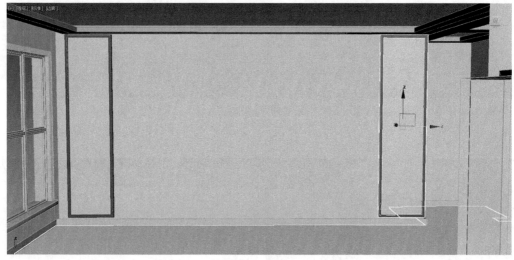

图 2-2-10

3）创建长方体，如图 2-2-11 所示。设置长、宽、高和分段，如图 2-2-12 所示。

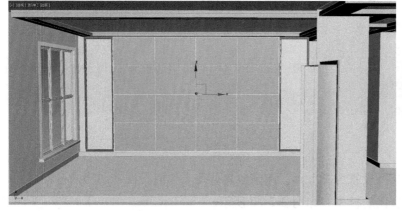

图 2-2-11

图 2-2-12

4）单击鼠标右键，转换为可编辑多边形，进入"多边形"子对象级别，选择前面的多边形，选择"倒角"命令，参数设置如图2-2-13所示。影视墙造型完成效果如图2-2-14所示。

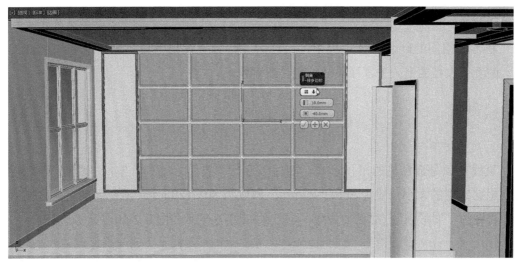

图　2-2-13

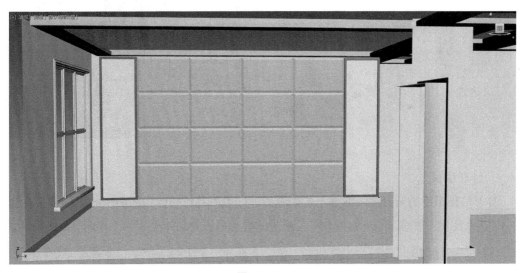

图　2-2-14

四、任务评价

1）吊顶模型的尺寸合理，整体布局符合户型的要求。

2）影视墙模型正确，设计符合整体风格搭配。

五、必备知识

在客厅空间的硬装设计过程中，吊顶的设计和影视墙的设计属于首先要考虑的两点，两者很大程度上关乎客厅设计的整体表现水准。

【吊顶设计】

1.直线吊顶

直线吊顶是最常见的吊顶形式，多用于客厅、餐厅、卧室等空间。线条采用直线，宽度根据户型的大小一般为300~500mm。厚度为80~120mm。沿空间围合起来的直线吊顶也称为"回形顶"。常见的直线吊顶效果如图2-2-15和图2-2-16所示。

图 2-2-15

图 2-2-16

2.异形吊顶

异形吊顶采用的云形波浪线或不规则弧线，一般不超过整体顶面面积的三分之一，超过或小于这个比例，就难以达到好的效果。常见的异形吊顶效果如图2-2-17和图2-2-18所示。

图 2-2-17

图 2-2-18

3. 平板吊顶

平板吊顶一般是以 PVC 板、铝扣板、石膏板、矿棉吸音板、玻璃纤维板、玻璃等为材料，照明灯卧于顶部平面之内，一般安排在卫生间、厨房、阳台和玄关等部位。常见的平板吊顶效果如图 2-2-19 和图 2-2-20 所示。

图 2-2-19　　　　　　　　　　　　　　图 2-2-20

【影视背景墙设计】

影视背景墙设计的造型多变，根据不同风格的客厅设计，合理地采用不同的材质和表现，以取得更好的效果。以下是几种常见的影视背景墙的设计表现。

1. 大理石影视背景墙

大理石影视背景墙好看而且冬暖夏凉，大气上档次，比较适合大户型。优点是好打扫，并且不容易损坏，缺点是不够温馨。常见的大理石影视背景墙如图 2-2-21 和图 2-2-22 所示。

图 2-2-21　　　　　　　　　　　　　　图 2-2-22

2. 墙纸影视背景墙

墙纸影视背景墙是非常常见的一种形式，比较温馨时尚，而且铺贴的施工工艺简单。但是墙纸有容易翘边、剥落的特点，常用于喜欢经常更新客厅设计的用户。常见的墙纸影视背景墙如图 2-2-23 和图 2-2-24 所示。

图 2-2-23

图 2-2-24

3.木质影视背景墙

木质影视背景墙的造价便宜，比较经济实惠，而且背景简洁，好搭配，容易营造出温馨自然的居家氛围。常见的木质影视背景墙如图 2-2-25 和图 2-2-26 所示。

图 2-2-25

图 2-2-26

六、触类旁通

结合以上关于客厅空间的硬装设计知识，尝试给客户王女士设计几种不同风格的客厅空间硬装方案。

任务三 客厅软装模型设计

一、任务情境

在硬装设计阶段，小陈在设计师的帮助下，在 3ds Max 中完成了初步的吊顶和影视墙的造型。接下来，小陈就要为客厅设计软装部分了。

二、任务分析

客厅的软装设计是关于整体环境、空间美学、陈设艺术、生活功能、材质风格、意境体验、个性偏好，甚至风水文化等多种复杂元素的创造性融合。

在完成了硬装部分之后，一直到用户入住，期间的家具选择、家居饰品、挂画文物、灯具窗帘等，都属于软装搭配的部分。可以说在今天"轻硬装、重软装"的潮流下，软装搭配越来越受到人们的重视。

三、任务实施

【合并家具】

1）家具合并。单击"文件"→"导入"→"合并"，如图 2-3-1 所示，在弹出的对话框中选择所有的家具模型，单击"确定"按钮，如图 2-3-2 所示。

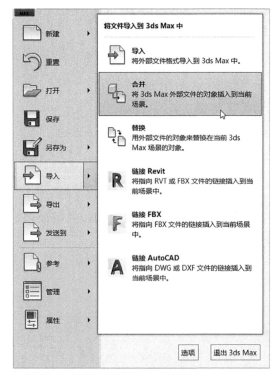

图 2-3-1

图 2-3-2

2）家具调整。调整模型的大小、比例、位置，如图 2-3-3 所示。最终的效果如图 2-3-4 所示。

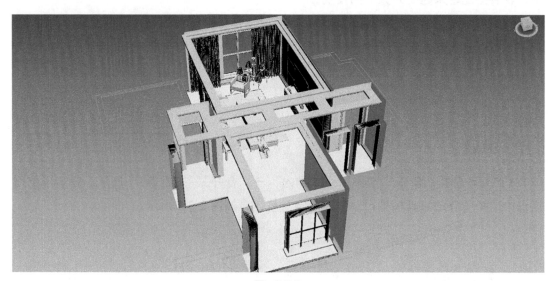

图 2-3-3

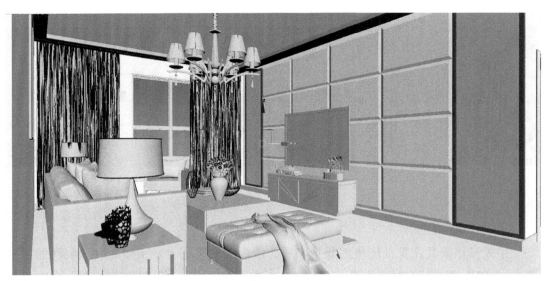

图 2-3-4

四、任务评价

1）家具选择符合整体风格的搭配。
2）家具的尺寸、比例正确，布局排放合理。

五、必备知识

室内装饰风格很多，那么与之对应的客厅软装风格也不少。市面上常见的客厅软装风格，可以基本分为以下几类。

1. 欧式风格的客厅

欧式风格又有古典欧式风格和简欧风格之分。欧式风格的特点是华丽、高雅，给人一种金碧辉煌的感受。最典型的古典欧式风格是指 14～16 世纪文艺复兴运动开始，到17 世纪后半叶至 18 世纪的巴洛克及洛可可风格的欧洲室内设计样式。该风格的家具常带有西方复古图案、线条或造型，桌椅的桌腿、椅背处多采用古典风格的纹路，软装多以豪华的花卉等图案为装饰，还兼以格调高雅的烛台、油画、艺术造型水晶灯等装饰物来呈现其风格，如图 2-3-5 和图 2-3-6 所示。

图 2-3-5

图 2-3-6

2. 中式风格的客厅

中式风格兼具庄重、优雅的双重品质。墙面的软装饰有手工织物（如刺绣的窗帘等）、中国山水挂画、书法作品、对联等；靠垫用绸、缎、丝、麻等做材料，表面用刺绣或印花图案做装饰。常用红、黑或宝蓝色，既热烈又含蓄、既浓艳又典雅。软装上常绣上"福""禄""寿""喜"等字样，或者是龙凤呈祥之类的中国吉祥图案。房间顶面不宜选用富丽堂皇的水晶灯，而宜选带有木质纹样的造型灯（灯光多以暖色调为主），因为中国传统古典风格就是一种强调木制装饰的风格。当然仅木制装饰还是不够的，必须用其他的、有中国特色的软装饰来丰富和完善，如用唐三彩、青花瓷器、中国结等来强化风格和美化室内环境等，如图 2-3-7 和图 2-3-8 所示。

图 2-3-7

图 2-3-8

3. 日式素雅风格的客厅

日式风格亦称和式风格，这种风格适用于面积较小的房间，其装饰简洁、淡雅。一个约高于地面的榻榻米平台是这种风格的重要组成要素，此外还有日式矮桌、草席地毯、布艺或皮艺的轻质坐垫、纸糊的日式移门等。日式风格中没有很多的装饰物去装点细节，所以整个室内会显得格外干净利索，如图 2-3-9 和图 2-3-10 所示。

图　2-3-9

图　2-3-10

4.田园风格的客厅

田园风格的客厅通过装饰设计表现出田园的气息，不过这里的田园并非农村的田园，而是一种贴近自然、向往自然的风格。田园风格倡导"回归自然"，美学上推崇"自然美"，因此田园风格力求表现悠闲、舒畅、自然的田园生活情趣。在田园风格里，粗糙和破损是允许的，因为只有那样才更接近自然。例如，使用一些原木木纹设计的家具，保持其自然本色，或以朴素的藤蔓或干燥花等装饰物去装点细节，造成一种朴素、原始之感，如图 2-3-11 和图 2-3-12 所示。

图　2-3-11

图　2-3-12

六、触类旁通

结合以上关于客厅空间的软装设计知识，尝试给客户王女士设计几种其他风格的客厅软装方案。

项目三　　卧室效果图设计

【项目说明】

　　人类生命过程的三分之一，几乎是在睡眠中度过的。卧室是供人们休息睡眠的场所。卧室设计必须力求隐秘、恬静、舒适、便利、健康，在此基础上寻求温馨的氛围与优美的格调，充分释放自我，求得居住者的身心愉悦。卧室是私密性很强的空间，设计可完全依从房主的意愿，不必像客厅等公共空间一样。卧室设计时要考虑到防潮要求、隔音要求、休闲要求、私密要求以及储存要求等。本项目在设计一个卧室空间案例的基础上，介绍常见家居卧室空间的设计风格、设计原则和方法；同时借助给卧室模型添加材质的过程，介绍在室内效果图中常见的 V-Ray 材质的设置方法。

【建议课时】

任务一　卧室模型设计——4 学时

任务二　卧室材质设计——16 学时

合计——20 学时

任务一　卧室模型设计

一、任务情境

客户王女士一家新购置的一套三居室，装修设计阶段已近尾声。通过与王女士的沟通，设计师注意到王女士是一个非常注重生活品质的人，她对包括卧室在内的每一个家居空间都有特别的设计要求。由于家居整体设计是欧式风格，王女士希望在卧室空间中能够根据户型设计合理的休息和休闲区域，并且注重储物的功能；同时在外观上能将欧式元素巧妙地体现在空间装饰中，打造美观而实用的卧室空间。设计师首先需要根据王女士卧室的空间布局，在 3ds Max 中进行模型设计。

二、任务分析

在卧室内，除了主要的休息空间，还应设置能满足主人视听、阅读、储藏等需求的区域。在布置时可根据主人在休息方面的具体要求，选择适宜的空间区位，配以家具与必要的设备。

1.梳妆

一般以实现美容功能为主进行设计，可按照空间情况及个人喜好分别采用活动式、组合式或嵌入式的梳妆家具形式。梳妆空间如图 3-1-1 所示。

图　3-1-1

2. 更衣

更衣是卧室活动的主要组成部分，在居住条件允许的情况下可设置独立的更衣区域；在空间受限制时，也可以在适宜的位置上设立如衣柜等简单的更衣区域。更衣空间如图 3-1-2 所示。

图　3-1-2

3. 储藏

卧室储藏物多以衣物、被褥为主，一般设计嵌入式的收纳系统较为理想，这样有利于加强卧室的储藏功能。也可根据实际需要，设置容量与功能较为完善的其他形式的储藏家具或单独的储藏空间。储藏空间如图 3-1-3 所示。

图　3-1-3

4. 盥洗

卧室的卫生区主要是指浴室，最理想的状况是主卧室设有专用的浴室及盥洗设施。主卧室的布置应满足隐秘、宁静、便利、合理、舒适和健康等要求，在充分表现个性色彩的基础上，营造出优美的格调与温馨的气氛，使主人在优雅的生活环境中得到充分放松休息。主卧卫生间如图 3-1-4 所示。

图　3-1-4

王女士家的卧室空间属于长方形的格局，有窗，有阳台，如图 2-1-1 所示。这种类型的卧室空间，在设计上应该注重格调的表现，家具软装选择和居室相同的欧式风格。首先需要在 3ds Max 中创建卧室的房体模型、家具模型，并且注意家具尺寸的选择应符合人体工程学的标准。

三、任务实施

【房体模型创建】

1）启动 3ds Max 软件，并设置单位为毫米，如图 3-1-5 所示。

2）选择"文件"→"导入"→"导入"命令，选择本项目对应的户型图 CAD 文件，将其导入 3ds Max 中，如图 3-1-6 所示。

3）将导入的 CAD 图形按 <Ctrl+A> 全部选中后，组合，坐标归零，并将捕捉按钮设为顶点捕捉和端点捕捉，如图 3-1-7 所示。

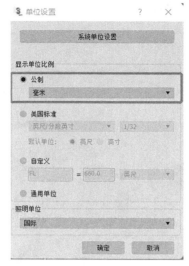

图 3-1-5

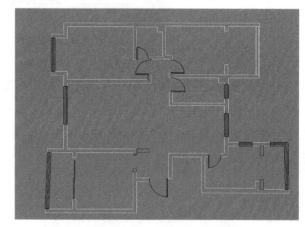

图 3-1-6

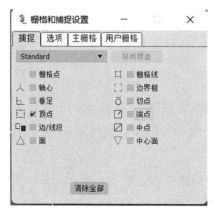

图 3-1-7

4）选择"创建"→"图形"→"线"按钮，沿着卧室的内墙，描绘房体的结构。在绘制好的样条线上，添加"挤出"修改器，数量为3000mm，得到卧室的房体模型。用之前创建房体的方法，创建卧室的门窗和吊顶，完成后效果如图3-1-8所示。

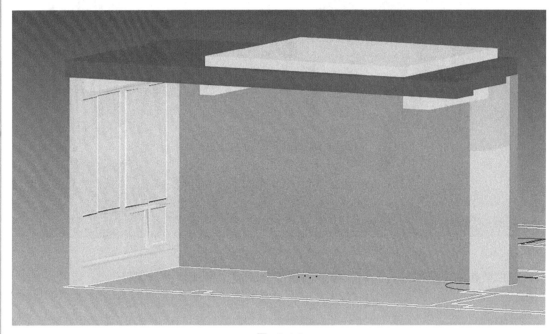

图　3-1-8

为了后期材质贴图的设置更加方便，在建模的阶段，一般会选择将顶面、地面进行分离，从而使吊顶、墙面、地面可以分别设置不同的材质贴图。选择卧室房体模型，在"修改器列表"中，在"可编辑多边形"→"多边形"的子对象层次下，分别选择卧室的顶部和地面多边形，通过多边形的"分离"，各自独立成互不影响的模型。

【卧室家具模型创建】

1）因为房间的整体装修风格属于欧式，所以在添加室内家具的时候，选择以欧式风格的家具为主。由于卧室和阳台连接，为了增加空间的利用率和卧室整体的格调，我们在阳台处放置了一组沙发，如图3-1-9所示。

图 3-1-9

2）家具模型全部导入之后，模型创建部分完成，将模型进行保存。

四、任务评价

1）卧室空间的墙体和门窗严格按照 CAD 施工图进行绘制，符合设计方案的户型要求。

2）卧室空间的家具、灯具尺寸合理，比例正确。

3）选择的卧室家具及日用品和摆件符合欧式风格的整体搭配。

五、必备知识

在卧室装修设计中，除了前期针对业主的实际需求做的功能设计外，在建模阶段的后期，我们还会在材质和灯光的设计中，运用更多丰富的表现手法，使卧室看似简单，实则韵味无穷。

1.色彩的统一化

颜色搭配要令人舒服，但令人舒服的颜色是见仁见智的。一般要讲究一致，色彩以统一、和谐、淡雅为宜，例如，床单、窗帘、枕套皆使用同一色系，如图 3-1-10 所示，尽量不要用对比色，避免给人太强烈鲜明的感觉而不易入眠。

图　3-1-10

2.材质的多元化

床垫、寝具的质地应该力求舒适。地板最好能铺上地毯，既吸音，脚走起来也会舒服些。在有木地板的情况下，再局部铺上地毯更为舒适和实用，也丰富了地面材料的质感和色彩。墙壁用壁布覆盖、窗户用镶嵌双层玻璃或者多层化处理，都可以淡化室外的喧嚣，创造出一个宁静的睡眠空间，如图 3-1-11 所示。

图　3-1-11

3. 照明的柔和化

卧室的灯光照明以温馨的黄色为基调。需注意的是灯光要柔和、温馨、有变化，光线勿太强或过白，避免采用仅在室内中央设一盏大灯的方案，因为这种设计常使卧室内显得呆板没有生气。如果选用天花板吊灯，则选用有暖色光度的灯具，并配以适当的灯罩，否则悬挂笨重的灯具在天花板上，光线投射不佳，室内气氛大打折扣。床头上方可嵌筒灯或壁灯，也可在装饰柜中嵌筒灯，使室内更具浪漫舒适的温情，如图 3-1-12 所示。

图 3-1-12

4. 功能的个性化

不同的居住者对于卧室的使用功能有着不同的设计要求。主卧布置的原则是如何最大限度地提高舒适性和私密性，所以主卧的布置和材质要突出的特点是清爽、隔音、软、柔。

子女房与主卧最大的区别在于设计上要保持相当程度的灵活性。子女房只要在区域上为他们做一个大体的界定，分出大致的休息区、阅读区及衣物储藏区就足够了。在室内色彩上吸引孩子是设计子女房的要点。儿童房间容易弄脏，装饰时应采用可以清洗及更换的材料，最适合装饰儿童房间的材料是防水漆和塑料板，而高级壁纸及薄木板等不宜使用。

客卧和保姆房应该简洁、大方，房内具备完善的生活条件，即有床、衣柜及小型陈列台，但都应小型化、造型简单、色彩清爽，如图 3-1-13 所示。

图　3-1-13

六、触类旁通

结合以上关于卧室空间的设计知识，尝试给客户王女士设计几种不同风格的卧室空间的方案，并从实用性和美观性两方面阐述方案的设计思路。

任务二　卧室材质设计

一、任务情境

在前期的模型设计中，设计师首先根据王女士家卧室的空间布局，在 3ds Max 中完成了模型设计。为了凸显卧室空间的尊贵、典雅和温馨，设计师还需要给卧室空间中的各种模型赋予真实的材质表现。

二、任务分析

【认识材质】

材质，是指物体看起来是什么质地，如表面的色彩、纹理、光滑度、透明度、反射率、折射率、发光度、表面粗糙程度、肌理纹理结构等。简而言之，材质实际上是 3ds Max 系统对真实物体视觉效果的表现。要想在效果图中呈现出真实的材质效果，必须深入了解物体的属性，并对真实世界中的物体进行仔细观察分析，以求在材质设定时更贴近物体真实的表现形式。

在 3ds Max 中，材质是一个结构复杂的系统。材质下面可以有子材质，材质里面可以有各类贴图。各种材质和贴图还可以分层进行嵌套、叠加和混合。其中，"材质编辑器"就是设置材质的利器。我们可以使用"材质编辑器"创建和修改材质、应用贴图，甚至调整贴图。材质准备就绪后，可以通过将其从"材质编辑器"中拖放到视口中的对象，将材质应用于对象。"材质编辑器"提供了许多不同的明暗器，用于获取如金属和半透明等不同材质的效果。使用"UVW 贴图"修改器可以确定材质和贴图包裹对象的方式。另外还有一些特殊材质类型，如"多维／子对象"材质，可以轻松地在一个对象上合并不同的材质。

【认识材质编辑器】

在 3ds Max 中，材质与贴图的建立和编辑都是通过"材质编辑器"来完成的，并且通过最后的渲染把它们表现出来，使物体表面显示出不同的质地、色彩和纹理。"材质编辑器"是一个浮动的对话框，可将其拖拽到屏幕的任意位置，这样便于观看场景中材质赋予对象的结果。

"材质编辑器"分为两大部分：上部分为固定不变区，包括示例显示、材质效果和垂直的工具列与水平的工具行等一系列功能按钮。名称栏中显示当前材质名称，下半部分为可变区，从"基本参数"卷展栏开始，包括各种参数卷展栏，如图 3-2-1 所示。

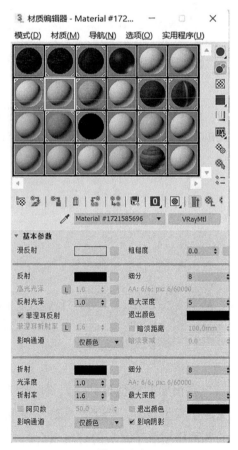

图 3-2-1

三、任务实施

打开上节课完成的卧室空间模型，在这个模型中，部分家具模型在导入时就已经设置好了材质和贴图，我们只需要给其余没有材质的部分设置材质，如墙面、顶面、地面，以及部分家具等。

【乳胶漆材质添加】

乳胶漆材质是室内家装设计常见的墙面材质。乳胶漆一般先表现其颜色属性，其次乳胶漆的表面没有反射，但是有弱反光。乳胶漆还分为亮光漆和哑光漆等不同类型。

1）给卧室墙面设置乳胶漆材质，打开"材质编辑器"，选择一个材质球，重命名为"墙体乳胶漆"，并将材质类型设为 VRayMtl。

2）设置乳胶漆的颜色为暗绿色。设置反射参数的反射颜色为深灰色，高光光泽度设为 0.25，细分值 20，设置参数如图 3-2-2 所示。

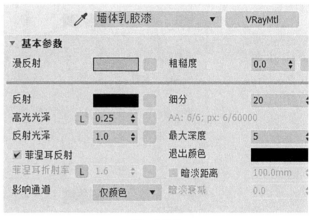

图 3-2-2

3）在"选项"卷展栏中取消选择"跟踪反射"，参数设置如图 3-2-3 所示。

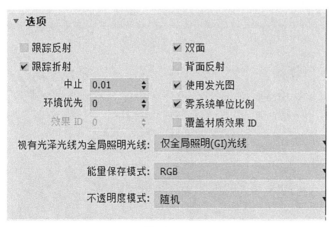

图 3-2-3

4）在"参数"栏中为乳胶漆添加"全局照明材质"，如图 3-2-4 所示，参数设置如

图 3-2-5～图 3-2-7 所示，最终乳胶漆材质效果如图 3-2-8 所示。

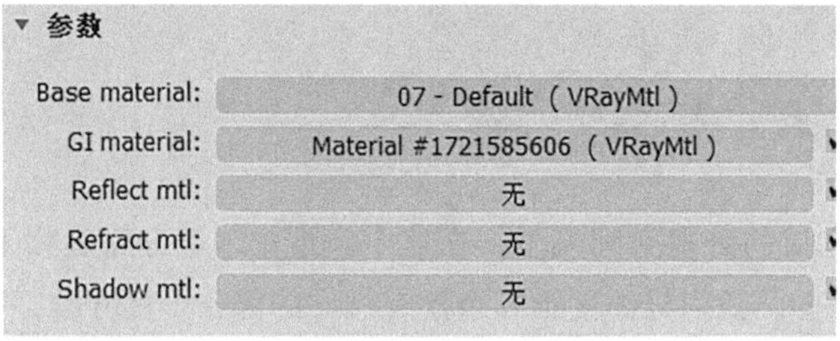

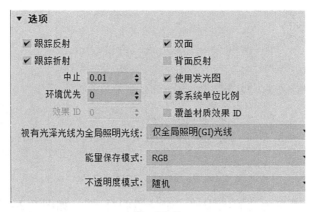

图 3-2-4

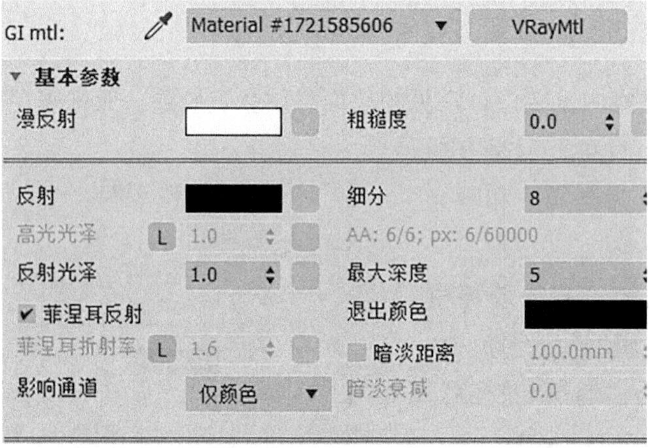

图 3-2-5

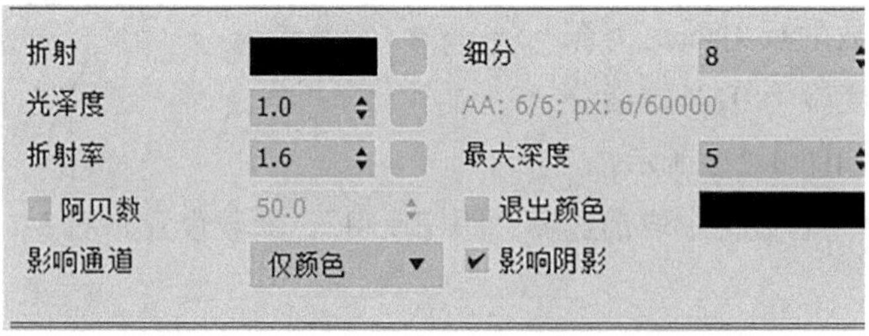

图 3-2-6

图 3-2-7

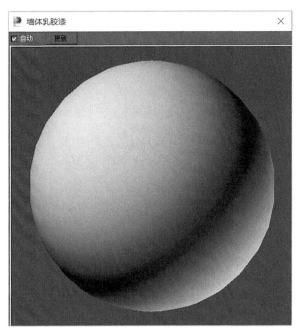

图 3-2-8

5）将材质球拖拽到要添加乳胶漆材质的墙体模型上，绿色乳胶漆材质就显示在墙体模型中了。

【木地板材质添加】

木地板是家装设计中常见的地面材质。木地板表面比较光滑，具有木纹的纹理，有一定的反射，带一点凹凸，高光较小。

1）选择一个材质球，命名为"木地板"。在漫反射的贴图通道中添加一张木地板贴图，如图 3-2-9 所示。

图 3-2-9

2）调整反射参数，如图 3-2-10 所示，高光光泽度和反射光泽度的参数设置如图 3-2-11 所示。

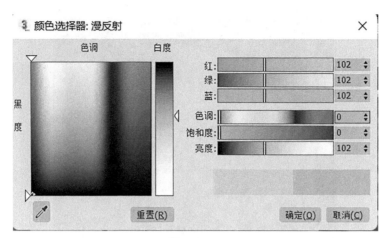

图 3-2-10

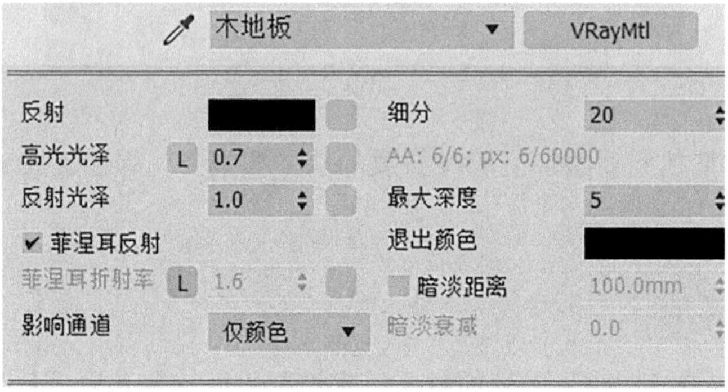

图 3-2-11

3）为地板材质添加衰减，衰减参数设置如图 3-2-12 所示。

图 3-2-12

4）在选项栏内，选择"跟踪反射"和"跟踪折射"，参数设置如图 3-2-13 所示，地板最终效果如图 3-2-14 所示。将木地板材质球施加到地面模型上，地面材质效果就显示出来了。

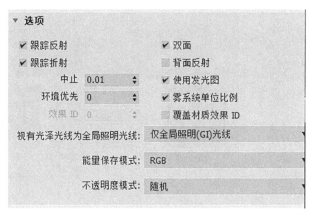

图 3-2-13

图 3-2-14

【壁纸材质添加】

壁纸有很多不同的类型，常见的有纯纸、PVC 材料、无纺布、天然植物墙纸、纺织物墙纸、金属墙纸等。以布艺壁纸为例，其表面较为粗糙，有轻微的反射感、丝绒感和凹凸感。

1）为床背景墙添加壁纸材质，选择一个材质球，设置 V-Ray 材质，为材质球添加一张贴图，如图 3-2-15 所示。

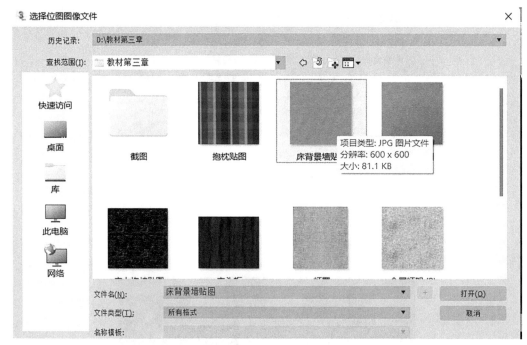

图 3-2-15

2）调整反射和其他参数，参数设置如图 3-2-16～图 3-2-18 所示，最终材质效果如图 3-2-19 所示。

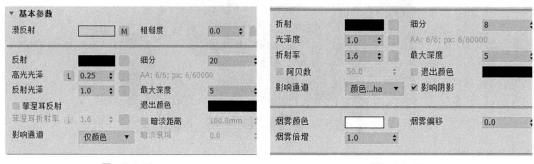

图 3-2-16   图 3-2-17

图 3-2-18

图 3-2-19

【铝合金材质添加】

金属材质是反光度很高的材质，很多的环境色体现在高光中。同时镜面效果也很强，体现在反光上，是一种反差很大的材质。

为窗框添加黑色铝合金材质，调整漫反射和反射参数，高光光泽度 0.6，反射光泽度 0.7，细分值 25，参数设置如图 3-2-20～图 3-2-22 所示，最终效果如图 3-2-23 所示。

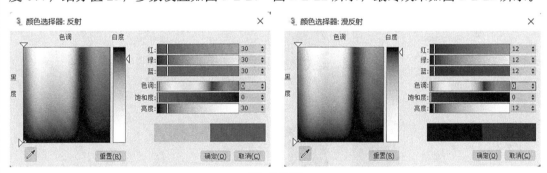

图 3-2-20

▼ 基本参数			
漫反射		粗糙度	0.0
反射		细分	25
高光光泽 L 0.6		AA: 6/6; px: 6/60000	
反射光泽 0.7		最大深度	5
✓ 菲涅耳反射		退出颜色	
菲涅耳折射率 L 1.6		暗淡距离	100.0mm
影响通道	仅颜色	暗淡衰减	0.0

图 3-2-21

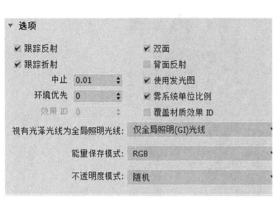

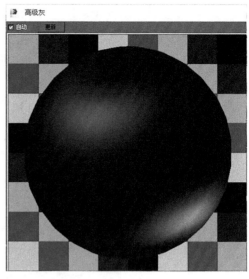

图 3-2-22

图 3-2-23

【布料材质添加】

为房体添加完材质之后，接下来就是为卧室里的家具和装饰品进行材质的添加。先来为阳台沙发上的抱枕添加材质。

1）为抱枕添加布料材贴图，在漫反射的贴图通道中选择位图，参数设置如图 3-2-24 所示。

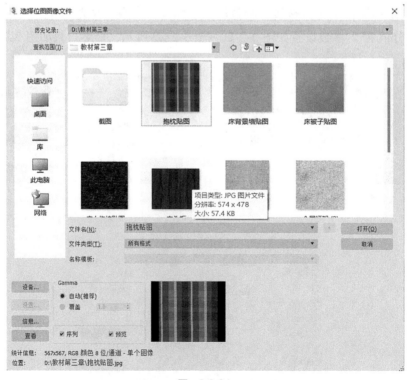

图 3-2-24

2）在反射的贴图通道中添加衰减，为衰减添加同一张贴图，设置参数如图 3-2-25 所示，最终效果如图 3-2-26 所示。

图 3-2-25　　　　　　　　　　　　　图 3-2-26

【多维 / 子对象材质添加】

多维 / 子对象材质是一种特殊材质类型，如果要将两个或更多材质应用到一个对象，可以使用"多维 / 子对象"材质。这种材质类型可以包含多达 1000 种不同的材质，每种材质用称为材质 ID 的唯一编号进行标识。通过将不同的材质 ID 指定给非连续的面，可在将父级多维 / 子对象材质应用于对象时控制每种材质出现的位置。

1）为被子和枕头添加多维 / 子对象材质，设置材质数量为 2，如图 3-2-27 所示。

图 3-2-27

2）为第一个材质添加贴图，并进行衰减和混合曲线设置，如图 3-2-28～图 3-2-30 所示。

图 3-2-28

图 3-2-29

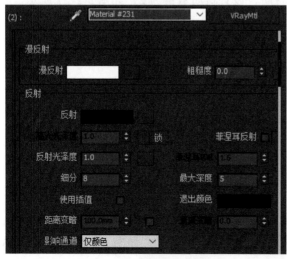

图 3-2-30

3）为第二个材质添加 VRayMtl 材质，调整漫反射的颜色及参数，如图 3-2-31 和图 3-2-32 所示，最终材质效果如图 3-2-33 所示。

图 3-2-31   图 3-2-32

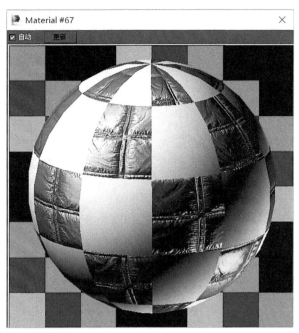

图　3-2-33

4）为床上的抱枕添加材质贴图，如图 3-2-34 所示；调整反射和折射参数，如图 3-2-35 所示；调整凹凸参数，如图 3-2-36 所示。最终效果如图 3-2-37 所示。

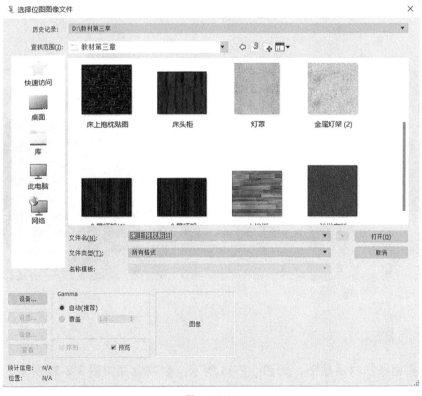

图　3-2-34

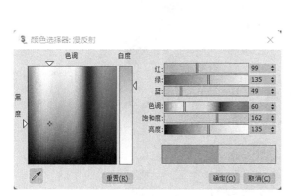

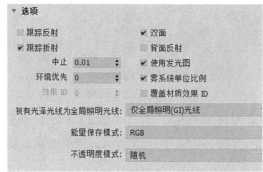

图 3-2-35

图 3-2-36

图 3-2-37

【木纹材质添加】

为床头柜添加材质贴图，如图 3-2-38 所示，参数设置如图 3-2-39 所示，最终结果如图 3-2-40 所示。

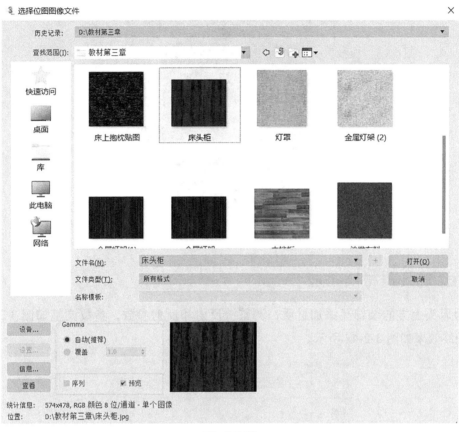

图　3-2-38

图　3-2-39

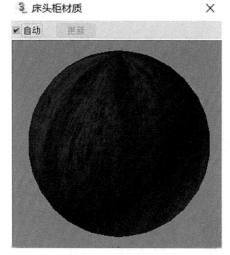

图 3-2-40

【带色泽的金属材质添加】

为床头上方的装饰品添加材质，调整漫反射和反射参数，参数调整如图 3-2-41 所示。最终效果如图 3-2-42 所示。

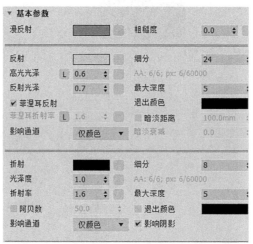

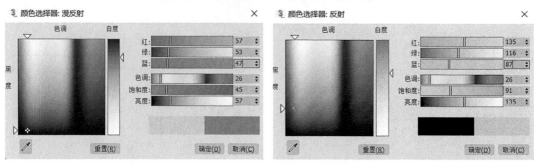

图 3-2-41

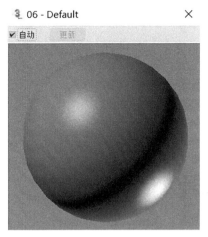

图　3-2-42

【灯罩材质添加】

调整灯罩材质，为灯罩添加 V-Ray 双面材质 VRay2sideMtl。其中，正面材质用于模型物体前面的材质，背面材质用于模型物体背面的材质，半透明度通过黑白贴图关系设置正面背面材质的混合度。

在灯罩材质中，正面材质设置为 VRayMtl 材质，漫反射贴图通道设为布纹纹理贴图。参数设置如图 3-2-43 所示。

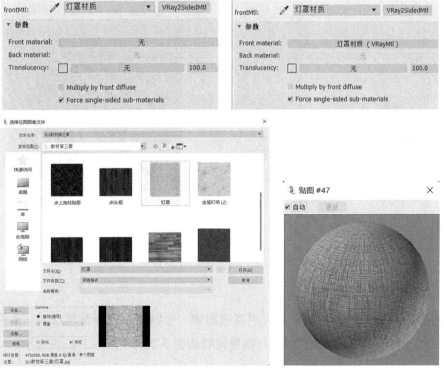

图　3-2-43

【沙发布料材质添加】

为阳台上的沙发添加布料贴图,并进行衰减设置,参数设置及最终效果如图 3-2-44 所示。

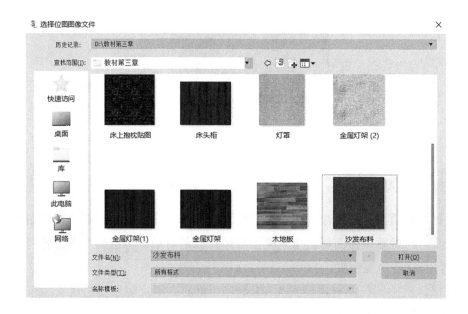

图 3-2-44

【金属灯架材质添加】

为卧室落地灯架调整材质。漫反射通道添加一张贴图,设置材质参数,高光光泽度 0.85,反射光泽度 0.92,细分值 25,参数设置如图 3-2-45~图 3-2-47 所示。

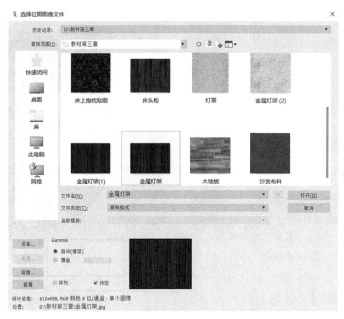

图　3-2-45

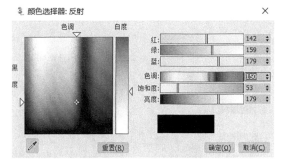

图　3-2-46

图　3-2-47

　　为反射、高光光泽度、反射光泽度分别添加一张材质贴图，同时设置折射和选项参数，如图 3-2-48 所示。最终效果如图 3-2-49 所示。

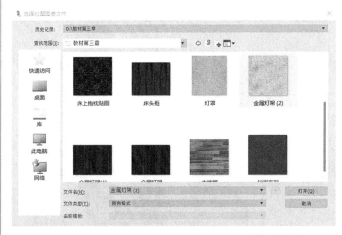

图　3-2-48

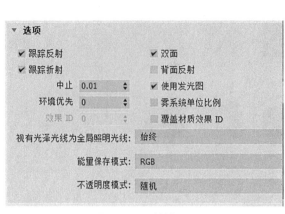

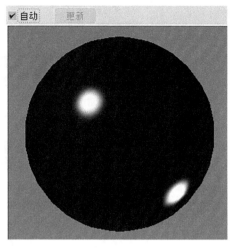

图 3-2-48（续）

图 3-2-49

【油漆材质添加】

为床头柜上的钟表添加白色油漆材质，参数设置如图 3-2-50～图 3-2-52 所示。完成后的效果如图 3-2-53 所示。

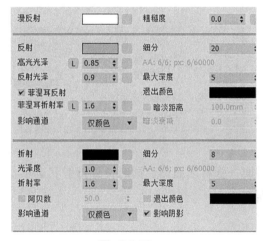

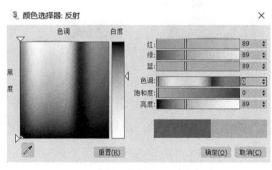

图 3-2-50

图 3-2-51

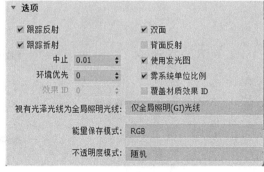

图 3-2-52

图 3-2-53

四、任务评价

1）首先确定卧室空间的基本色调。

2）给场景中的物体赋予各自基本的材质，再根据整体设计调整各纹理材质的纹理走向和贴图坐标。

3）按经验调整材质的其他属性，如反射度和透明度等。其他的细节在设置好灯光后根据实际的需要有可能再做调整。

五、必备知识

【常见室内装饰 V-Ray 材质参数】

1. 木材

（1）亮光木材

漫射：贴图　　反射：35 灰　　高光：0.8

（2）亚光木材

漫射：贴图　　反射：35 灰　　高光：0.8　　光泽（模糊）：0.85

2. 不锈钢

（1）镜面不锈钢

漫射：黑色　　反射：255 灰

（2）亚面不锈钢

漫射：黑色　　反射：200 灰　　光泽（模糊）：0.8

（3）拉丝不锈钢

漫射：黑色　　反射：衰减贴图（黑色部分贴图）　　光泽（模糊）：0.8

3. 陶器

漫射：白色　　反射：255　　菲涅耳

4. 亚面石材

漫射：贴图　　反射：100 灰　　高光：0.5　　光泽（模糊）：0.85　　凹凸贴图

5.砖

（1）抛光砖

漫射：平铺贴图　　反射：255　　高光：0.8　　光泽（模糊）：0.98　菲涅耳

（2）普通地砖

漫射：平铺贴图　　反射：255　　高光：0.8　　光泽（模糊）：0.9　菲涅耳

6.木地板

漫射：平铺贴图　　反射：70　　光泽（模糊）：0.9　　凹凸贴图

7.玻璃

（1）清玻璃

漫射：灰色　　反射：255　　折射 255　　折射率 1.5

（2）磨砂玻璃

漫射：灰色　　反射：255　　高光：0.8　　光泽（模糊）：0.9

折射 255　　光泽（模糊）：0.9　　光折射率 1.5

8.布料

（1）普通布料

漫射：贴图　　凹凸贴图

（2）绒布

漫射：衰减贴图　　置换贴图

9.皮革

漫射：贴图　　反射：50　　高光：0.6　　光泽（模糊）：0.8　　凹凸贴图

10.水材质

漫射：白色　　反射：255　　折射：255　　折射率 1.33　　烟雾颜色：浅青色　　凹凸贴图：澡波

11.纱窗

漫射：颜色　　折射：灰白贴图　　折射率：1　　接收 GI：2

【常见装饰色彩搭配技巧】

装修色彩搭配是一门技术活，在布置房间时选择适合的色彩，会使人觉得放松舒适。不同色彩的搭配，总能给人带来不一样的感觉，下面就一起看看卧室装修色彩搭配效果图，学习一下装修色彩搭配原理与技巧。

1）在冷调蓝灰色为主的搭配中加入少量的黄色，引起强烈的视觉冲击，产生冷暖、互补色之间的对比。虽然黄色的使用面积较小，但并不显得弱势，反而成为了画面中的一个亮点，如图 3-2-54。

图　3-2-54

2）暖调搭配，虽然使用的色彩范围不大，但是依然给人琳琅满目的感觉。绿色和赭红色之间接近于互补对比，也是整个搭配中最明显的亮点，如图 3-2-55 所示。

图　3-2-55

3）全色系搭配常使用低纯度色彩，只有低纯度色彩的混合组合才不让整体显得混乱，同时还加入了高纯度粉色，让整体搭配在融合的同时又有自己的特色，如图 3-2-56 所示。

图　3-2-56

4）以米黄为主色调，可以表现出温暖的一面。所有色彩都接近于同一色系，虽然纯度较低，但和谐的搭配能够给人眼前一亮的感觉，如图 3-2-57 所示。

图　3-2-57

5）高纯度的深蓝色和淡雅的黄色，形成了强烈的互补色，在视觉上形成了很强的冲击，深色与浅色的组合，显得十分突出，如图 3-2-58 所示。

图 3-2-58

六、触类旁通

　　结合以上关于卧室空间的材质和色彩搭配设计知识，尝试给客户王女士设计几种不同风格的卧室空间的材质方案。

项目四　餐厅效果图设计

【项目说明】

　　本项目在完成一个餐厅空间的设计案例的基础上，介绍常见家居餐厅空间的设计风格、设计原则和方法；同时借助餐厅空间装饰效果图的灯光设计，着重介绍室内效果图日景、夜景的灯光设计方法。

【建议课时】

任务一　餐厅模型设计——4学时

任务二　餐厅材质设计——4学时

任务三　餐厅灯光设计——16学时

合计——24学时

任务一　餐厅模型设计

一、任务情境

　　客户王女士一家新购置的一套三居室，其装修设计阶段已近尾声。通过与王女士的沟通，设计师注意到王女士是一个非常注重生活品质的人，她对包括餐厅在内的每一个家居空间都有特别的设计要求。由于家居整体设计是欧式风格，王女士希望在餐厅空间中能够根据户型设计合理的用餐区域，并且注重储物的功能，在外观上能将欧式元素巧妙地体现在空间装饰中，打造美观而实用的简欧餐厅空间。设计师首先需要根据王女士餐厅的空间布局，在 3ds Max 中进行模型设计。

二、任务分析

　　餐厅空间的模型设计主要体现其空间结构设计和功能设计。餐厅空间，顾名思义，是为居住者提供舒适用餐的空间，也就是俗称的餐厅。一般对于餐厅的要求是便捷、卫生、安静、舒适。除了固定的日常用餐场所外，也可按不同时间、不同需要临时布置各式用餐场所，如阳台上、壁炉边、树荫下、庭院中等。在餐厅空间的设计过程中，功能性和美观性都要兼顾，安全性和实用性也不可偏废。

　　在建模阶段，家居餐厅空间的设计原则一般有以下几点。

　　1）空间要相对独立。最好能单独辟出一间餐厅，但有些住宅并没有独立的餐厅，有的与客厅连在一起，有的与厨房连在一起。在这种情况下，可以通过一些装饰手段来人为地划分出一个相对独立的就餐区。例如，通过吊顶使就餐区的高度与客厅或厨房不同；通过地面铺设不同色彩、不同质地、不同高度的装饰材料，在视觉上把就餐区与客厅或厨房区分开来；通过不同色彩、不同类型的灯光，来界定就餐区的范围；通过屏风、隔断，在空间上分割出就餐区等。家居餐厅空间如图 4-1-1 所示。

图 4-1-1

2）使用要方便。就餐区不管设在哪里，有一点是共同的，就是必须靠近厨房，以便上菜。除餐桌、餐椅外，餐厅还应配上餐饮柜，用来存放部分餐具、酒水饮料以及酒杯、起盖器、餐巾纸等辅助用品。这种小餐饮柜使用起来非常方便，同时也是一种很好的装饰品，如图 4-1-2 所示

图 4-1-2

3）光线要充足。餐厅里的光线要好，除了自然光外，人工光源设计也很重要。可以使用吊灯或可以上下拉动的伸缩灯，光线既要明亮，又要柔和，如图 4-1-3 所示。

图 4-1-3

4）色彩要温馨。就餐环境的色彩配置，对人们的就餐心理影响很大。餐厅的色彩宜以明朗轻快的色调为主，如图4-1-4所示。最适合用的是橙色系列的颜色，它能给人以温馨感，刺激食欲。桌布、窗帘、家具的色彩要合理搭配，当家具颜色较深时，可通过明快清新的淡色或蓝白、绿白、红白相间的台布来衬托。此外，灯光也是调节色彩的有效手段，如用橙色白炽灯，经反光罩以柔和的光线映照室内，形成橙黄色的环境，以消除冷落感。另外挂上一幅画，摆上几盆花，也都会起到调节食欲的作用。整体色彩搭配时，地面色调宜深，墙面可用中间色调，顶面色调则浅，以增加稳重感。

图 4-1-4

5）装饰要美观实用。地面一般应选择大理石、花岗岩、瓷砖等表面光洁、宜清洁的材料，如图4-1-5所示。墙面在齐腰位置要考虑用些耐碰撞、耐磨损的材料，如选择一些木饰、墙砖作局部装饰、护墙处理。顶面宜以素雅、洁净材料作装饰，如乳胶漆等，有时可适当降低顶面高度，以给人亲切感。餐厅中的软装饰，如桌布、餐巾及窗帘等，应尽量选用较薄的化纤材料，因厚实的棉纺类织物极宜吸附食物气味。花卉切忌颜色繁杂，以免影响食物本身的美味，如图4-1-6所示。

图 4-1-5

图 4-1-6

王女士家的餐厅空间属于长方形的格局，有窗。这种类型的餐厅空间，在设计上应该注重空间的排布和储物空间的合理利用，家具软装选择和居室相同的欧式风格。我们需要在3ds Max中首先创建餐厅的房体模型、家具模型，并且注意家具尺寸的选择应符合人体工程学的标准。

三、任务实施

【房体模型创建】

1）启动 3ds Max 软件，并设置单位为毫米。

2）选择"文件"→"导入"→"导入"命令，选择户型图 CAD 文件，将其导入至 3ds Max 中，如图 4-1-7 所示。

3）将导入的 CAD 图形按 <Ctrl+A> 组合键全部选中后，组合，坐标归零，并将捕捉按钮设为顶点捕捉和端点捕捉，如图 4-1-8 所示。

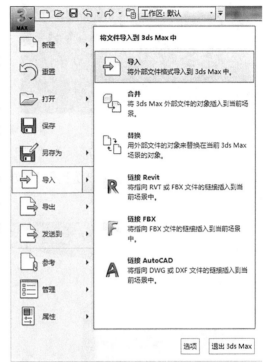

图 4-1-7

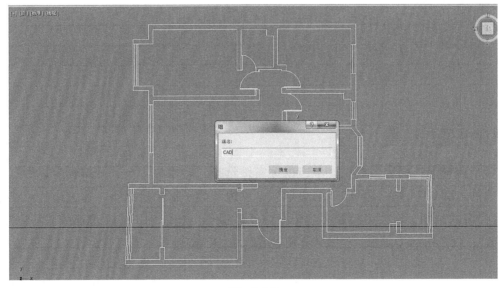

图 4-1-8

图 4-1-8（续）

4）选择"创建"→"图形"→"线"按钮，沿着餐厅的内墙，描绘房体的结构。在绘制好的样条线上，施加"挤出"修改器，数量为3000mm，得到卫生间的房体模型，如图4-1-9所示。

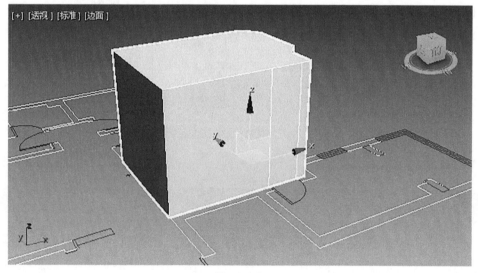

图 4-1-9

【门窗模型创建】

1）选择卫生间房体模型，单击鼠标右键选择"转换为"→"可编辑多边形"。在"修改器"面板中，在"可编辑多边形"→"边"的子对象层级下，通过边的"连接"创建门窗的结构。在"可编辑多边形"→"多边形"的级别下，通过面的"挤出"和"删除"，创建门洞和窗洞，如图4-1-10和图4-1-11所示。

图 4-1-10

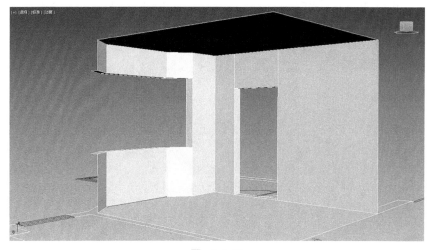

图 4-1-11

2）创建窗框和门框模型，并放到相应的位置上，如图 4-1-12 所示。

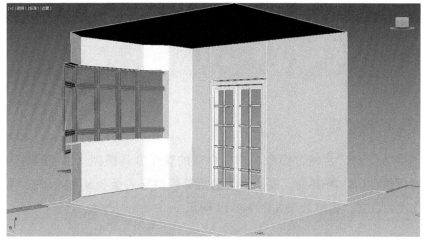

图 4-1-12

【餐厅吊顶模型创建】

选择卫生间房体模型，在"修改器"面板中，在"可编辑多边形"→"多边形"的子对象层级下，选择卫生间的顶部，通过多边形的"挤出"创建吊顶的模型，完成效果如图 4-1-13 所示。

图　4-1-13

注意

为了后期材质贴图的设置更加方便，分别选择卫生间的顶部和地面多边形，通过多边形的"分离"，各自独立成互不影响的模型。

【餐厅家具模型创建】

选择"导入"→"合并"命令，选择合适的餐厅家具模型（见"素材"→"项目四"→"餐厅模型"），将餐桌、餐椅、餐边柜等模型导入至 3ds Max 中。导入后，调整家具的比例和位置。模型效果如图 4-1-14 所示。

图　4-1-14

四、任务评价

1）餐厅空间的墙体和门窗严格按照 CAD 施工图进行绘制，符合设计方案的户型要求。

2）餐厅空间的家具、灯具尺寸合理，比例正确。

3）选择的餐厅家具及日用品和摆件符合欧式风格的整体搭配。

五、必备知识

在设计餐厅空间时，由于户型差异、用途所需、空间大小各异等因素，其设计运用亦各不相同，必须考虑各种空间的适度性及各空间组织的合理性。

1. 独立式

一般认为独立式是最理想的格局。居家餐厅的要求是便捷卫生、安静舒适，照明应集中在餐桌上面，光线柔和，色彩应素雅，墙壁上可适当挂些风景画、装饰画等，餐厅位置应靠近厨房。需要注意餐桌、椅、柜的摆放与布置须与餐厅的空间相结合，如方形和圆形餐厅，可选用圆形或方形餐桌，居中放置，如图 4-1-15 所示；狭长的餐厅可在靠墙或窗的一边放一长餐桌，桌子另一侧摆上椅子，这样空间会显得大一些。

2.通透式

与客厅连在一起的餐厨空间最忌杂乱，为了不使餐厨空间破坏整个大空间的清新感，应灵活设计橱柜、吊柜、隔板等收纳工具。在吧台上除了摆放好看的餐布、常用的咖啡壶和作为装饰的花瓶，其他都放入收纳柜中，餐厨空间就会显得干净、整齐。

所谓"通透"，是指厨房与餐厅合并。这种情况就餐时上菜快速简便，能充分利用空间，较为实用。只是需要注意不能使厨房的烹饪活动受到干扰，也不能破坏进餐的气氛。最好使厨房和餐厅有自然的隔断，或使餐桌布置远离厨具。餐桌上方的照明灯具应该突出一种隐形的分隔感，如图 4-1-16 所示。

图　4-1-15

图　4-1-16

3.共用式

很多小户型住房都采用客厅或门厅兼做餐厅的形式。在这种格局下，餐区的位置以邻接厨房并靠近客厅最为适当，它可以缩短膳食供应和就座进餐的走动线路，同时也可避免菜汤、食物弄脏地板。但需要注意与客厅在格调上保持协调统一，并且不妨碍通行，如图 4-1-17 所示。

图　4-1-17

六、触类旁通

结合以上关于餐厅空间的模型设计知识，尝试给客户王女士设计几种不同风格的餐厅空间的方案，并从实用性和美观性两方面阐述方案的设计思路。

任务二　餐厅材质设计

一、任务情境

在前期的模型设计中，设计师首先根据王女士家餐厅的空间布局，在 3ds Max 中完成了模型设计。为了凸显餐厅空间的尊贵和典雅感，体现餐厅空间温馨和储物等功能，设计师还需要给餐厅空间中的各种模型赋予真实的材质表现。

二、任务分析

餐厅在日常生活中也是具有举足轻重地位的场所，但装修材料方面却并没有什么稀奇的。餐厅的墙面多会依照客厅的方式做延续。在餐厅地面常见材料中，木地板与石材是人们最常选择的公众材料。石材通常会在餐厅地面上满铺，因为相对其他房间而言，餐厅的面积较小，使用整齐的地砖会让空间整体化更强。木地板通常随着家具的色调进行搭配。要做些创意的话，还可以尝试将旁边空间的两种材料混合交叉，这样既能连接彼此，又有所区分。砖材与木地板可以适当地穿插，餐桌下的地毯也能让整个环境增添温馨的感觉。除此之外，餐厅家具、灯具、餐具等模型也需要根据需求设置合适的材质。

三、任务实施

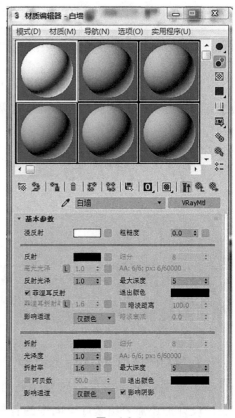

图 4-2-1

【房体材质添加】

打开上个任务中完成的餐厅空间模型，在这个模型中，部分家具模型在导入时就已经设置好了材质和贴图，我们只需要给其余没有材质的部分设置材质，如墙面、顶面、地面等。给墙面设置白色乳胶漆材质，如图 4-2-1 所示。

【餐厅家具材质添加】

打开上个任务中完成的餐厅空间模型，在这个模型中，墙体材质已经完成，我们只需给餐厅家具添加所需材质。

1）打开素材文件，打开"素材"→"项目四"→"餐厅模型"→"墙纸.jpg"，为餐厅墙面添加贴图，如图 4-2-2 所示。

2）为餐边柜以及墙上的装饰添加材质，设置参数及效果如图 4-2-3 所示。

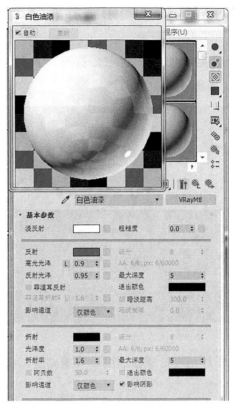

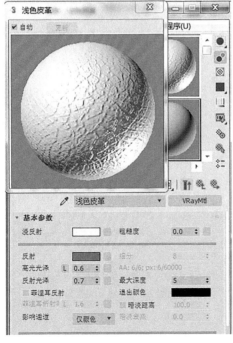

图 4-2-2

图 4-2-3

3）为餐椅添加皮革材质，设置参数及效果如图 4-2-4 所示。

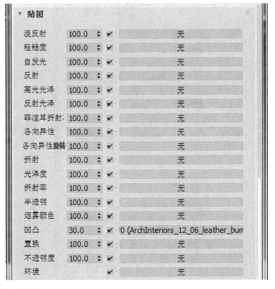

图 4-2-4

4）为餐椅框架添加贴图材质，打开"素材"→"项目四"→"餐厅模型"→"餐椅框架 .jpg"，如图 4-2-5 所示

5）为餐桌添加材质贴图，打开"素材"→"项目四"→"餐厅模型"→"餐桌 .jpg"，如图 4-2-6 所示。

图 4-2-5　　　　　　　　　　　图 4-2-6

6）为餐厅吊灯灯罩添加磨砂玻璃材质，参数设置和完成效果如图 4-2-7 所示。

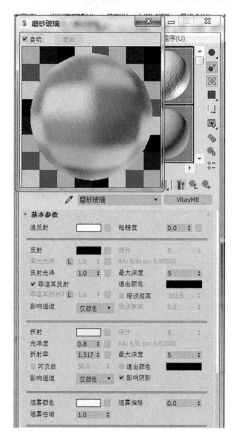
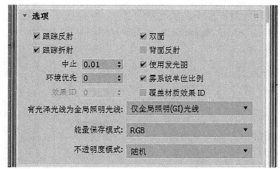

图 4-2-7

7）添加完材质的餐厅如图 4-2-8 所示。

图 4-2-8

四、任务评价

1）首先确定餐厅空间的基本色调。

2）给场景中的物体赋予各自基本的材质，再根据整体设计调整各纹理材质的纹理走向和贴图坐标。

3）按经验调整材质的其他属性，如反射度和透明等。其他的细部属性在设置好灯光后根据实际的需要有可能再做调整。

五、必备知识

想要用颜色来装饰餐厅空间，那么就要进行合理的搭配，即色彩之间的搭配，以及色彩与家具的搭配等，只有合理搭配，才能打造出理想的餐厅装饰效果。

在选择餐厅色彩的时候，需考虑到色彩与餐厅家具搭配的协调性。一般餐厅的颜色会选用暖色系色彩，如黄色、橘红色等能刺激人的食欲的色彩，还能够带给人温馨之感，如图 4-2-9 所示，具体选择的颜色还得根据自己的喜好来进行搭配。

图 4-2-9

1）单色调搭配：整个餐厅颜色为同一色调（单色调）。单色调有宁静、安详的作用，能够体现出良好的空间视觉感。单色调颜色装饰餐厅需要注意彩度及明度的变化，增强整个餐厅空间的视觉通透感。

2）类似色调搭配：相同色系的色彩搭配，一般餐厅装修会比较多地采用这种颜色搭配，也比较受大众的喜欢。选用两三种颜色相接近的颜色，会使得餐厅空间十分和谐。

3）互补色调的搭配：运用在相对位置的色彩，如红与绿、黄与紫等，能够快速吸引视线，由视线聚焦的作用。冷暖两颜色互补，对于餐厅空间有很好的装饰作用，空间也会显得小一些，却无拥挤感，如图 4-2-10 所示。

图 4-2-10

六、触类旁通

结合以上关于餐厅空间的材质和色彩搭配设计知识，尝试给客户王女士设计几种不同风格的餐厅空间的材质方案。

任务三　餐厅灯光设计

一、任务情境

在模型设计和材质设计之后中，餐厅空间的效果已经基本呈现出来了。而此时的效果图由于没有设置灯光，颜色仍然显得非常暗淡，餐厅的品位和质感没有凸显出来。为了解决这个问题，设计师要求小陈继续为餐厅空间添加灯光效果。

二、任务分析

在效果图的制作过程中，可以通过灯光设置来调整场景的气氛。效果图的立体感和层次感主要由灯光决定。一幅好的效果图，不管它的造型与材质做得多么出色，如果灯光的设置与布局不合理，表现出的最后效果就会大打折扣。而好的灯光效果，却能使本来较平淡的效果图表现出令人满意的效果。

在 3ds Max 中提供了多种不同类型的灯光工具，用以模拟现实中的自然光照和人工照明等光源效果。而灯光效果还需要借助摄影机的拍摄视角和 V-Ray 渲染器的合适参数，才能更好地表现出来。所以，本任务从以下几个方面来展开灯光效果的添加。

- 架设摄影机
- V-Ray 渲染参数的调整

● 日景灯光（V-Ray 阳光、V-Ray 灯光）

● 夜景灯光（V-Ray-ies）

三、任务实施

【添加摄影机】

1）在测试灯光时，一般都把渲染角度设在空间内部，所以在添加灯光前，要先设置好摄影机的角度。打开已经设置好材质的餐厅空间模型，如图 4-3-1 所示。

图 4-3-1

摄影机虽然只是模拟镜头的效果，但通常是一个场景中必不可少的组成部分。一个场景最后完成的静帧和动态图像都要在摄影机视图中表现。3ds Max 提供了标准相机和 V-Ray 相机两种摄影机类型。其中，标准相机又分物理、目标和自由三类，如图 4-3-2 所示。在制作室内装饰效果图的过程中，最常用的是目标摄影机。目标摄影机用于观察目标点附近的场景内容，与自由摄影机相比，它更容易定位。

图 4-3-2

2）选择"创建"→"摄影机"→"目标摄影机"，在顶视图中创建从餐厅门口向内方向的摄影机，如图 4-3-3 所示。在左视图中调整摄影机和焦点的高度在 1.2m 左右，如图 4-3-4 所示。

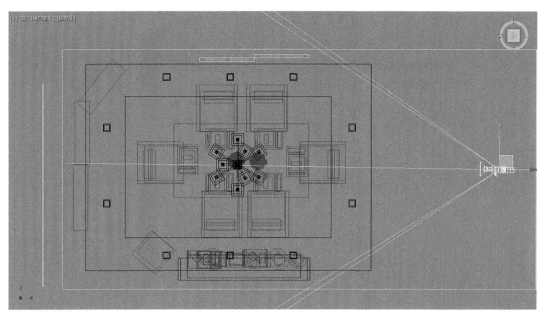

图 4-3-3

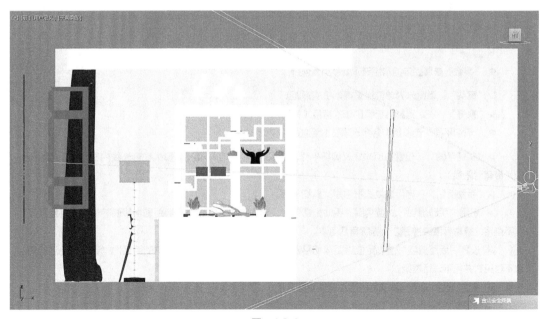

图 4-3-4

3）调整摄影机的参数，设置"镜头"为28mm，如图4-3-5所示。设置"手动剪切"参数如图4-3-6所示。

图 4-3-5

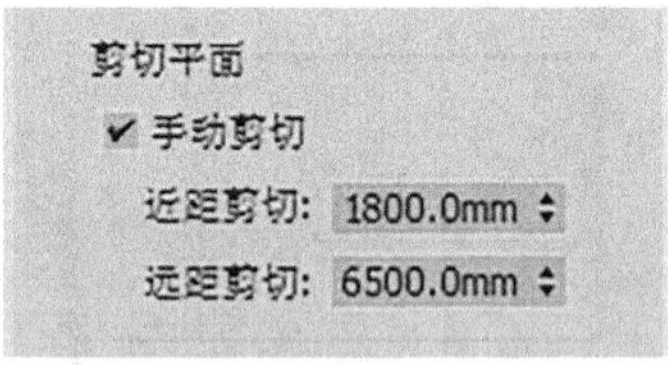

剪切平面
☑ 手动剪切
近距剪切: 1800.0mm ⬍
远距剪切: 6500.0mm ⬍

图 4-3-6

小贴士

● "参数"卷展栏中的常用选项功能介绍如下。

➤ "镜头": 以毫米为单位设置摄影机的焦距。

➤ "视野": 决定摄影机查看区域的宽度（视野）。

● "剪切平面"选项组中各个选项的介绍如下。

➤ "剪切平面": 设置选项来定义剪切平面。在视口中，剪切平面在摄影机锥形光线内显示为红色的矩形（带有对角线）。

➤ "手动剪切": 启用该复选框可定义剪切平面。

➤ 启用"手动剪切"。当禁用"手动剪切"时，摄影机将忽略近距和远距剪切平面的位置，并且其控件不可用，摄影机渲染视野之内的所有几何体。

➤ 设置"近距剪切"值以定位近距剪切平面。对于摄影机来说，与摄影机的距离比"近"距更近的对象不可见，并且不进行渲染。

➤ 设置"远距剪切"值以定位远距剪切平面。

4）在左视图中按<C>键调整至摄影机视图，得到纵深方向的摄影机视角，如图 4-3-7 所示。

图　4-3-7

【设置 V-Ray 的草图渲染参数】

选择渲染器为 V-Ray Adv 渲染器，如图 4-3-8 所示。V-Ray 渲染器是目前最受欢迎的渲染引擎，有 V-Ray for 3ds Max、Maya、Sketchup 等多个版本，为不同领域的优秀三维建模软件提供了高质量的图片和动画渲染。在室内效果图设计与制作领域中，3ds Max+V-Ray 是目前最主流的软件组合。

V-Ray 的渲染参数设置有两种情况。一种为测试图阶段的参数，也称为草图渲染参数，是将各项渲染指标适当降低，以牺牲一定的渲染精度为代价，来争取更短的渲染时间。一般在材质调整阶段和灯光调试阶段，因为需要不断地渲染图像来验证材质和灯光的表现效果，这时需要将 V-Ray 渲染器调整为测试图的参数。另一种情况是高精度图片渲染参数，也称为大图渲染参数，是将各项渲染指标提升，以牺牲一定的渲染时间为代价，来争取更好的渲染精度和图片质量。这种参数设置适用于在材质和灯光都已经调

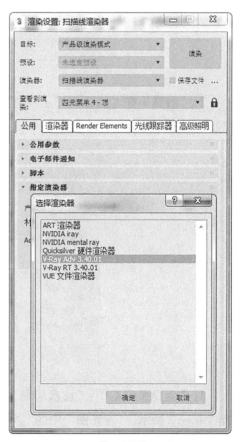

图　4-3-8

试好并且在草图渲染阶段测试没有问题之后，最后以高精度和高质量的大图输出。

1）先设置 V-Ray 渲染器的草图渲染参数。打开 V-Ray 渲染参数窗口，如图 4-3-9 所示。在全局开关面板中关闭默认灯光，如图 4-3-10 所示。

图 4-3-9

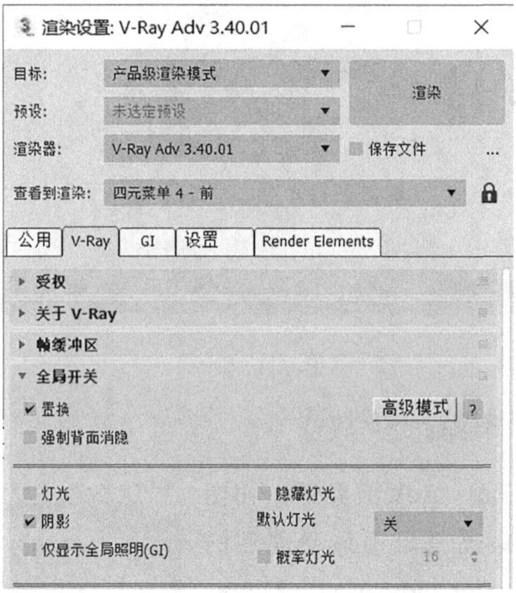

图 4-3-10

2）"图像采样（抗锯齿）"："类型"选择"块"，"最小着色速率"设为1，"图像过滤器"关闭，如图 4-3-11 所示。

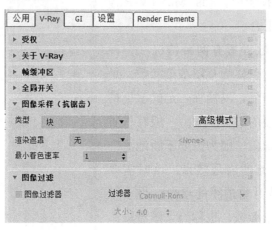

图 4-3-11

3）"全局照明 GI"："首次引擎"选择"发光图"，"二次引擎"选择"灯光缓存"，如图 4-3-12 所示。"发光图"中的"当前预设"设为"Very low"，"灯光缓存"中的"细分"设为 100，如图 4-3-13 所示。这样，草图渲染参数就设置好了。

图 4-3-12

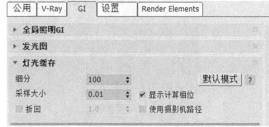

图 4-3-13

【日景灯光的添加】

日景灯光效果是三维效果图常见的灯光表现方式。之所以将日景作为常用的表现手法，与日光照射条件下室内装饰设计所呈现的特点是分不开的。在日景环境下，有太阳光和环境光两种冷暖强弱不同的光源的综合作用，建筑的结构得以清晰表现，这是选用日景灯光进行设计表现的重要原因。以餐厅空间为例，日景灯光效果的具体打光方法如下。

1）在设置完 V-Ray 的草图渲染参数后，由于关闭了场景内的默认灯光，并且渲染环境也为默认的黑色，选择"渲染工具"按钮，对摄影机视图进行渲染，如图 4-3-14 所示。此时餐厅场景在初始渲染时呈现完全的纯黑色，没有任何光线的效果，如图 4-3-15 所示。

图 4-3-14

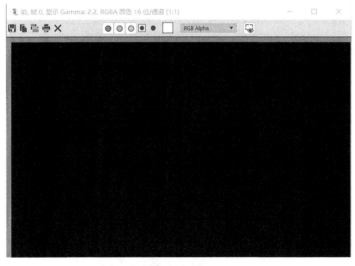

图 4-3-15

2）添加太阳光。选择"创建"→"灯光"→"VRay"→"VRaySun"，在前视图中创建阳光。位置在餐厅的斜上方，让阳光从侧面门的位置射入餐厅内，如图 4-3-16 所示。在弹出的对话框询问是否添加环境贴图时，选择"否"，如图 4-3-17 所示。在顶视图中调整阳光射入的方向，使之呈现一个倾斜的角度射入餐厅，如图 4-3-18 所示。

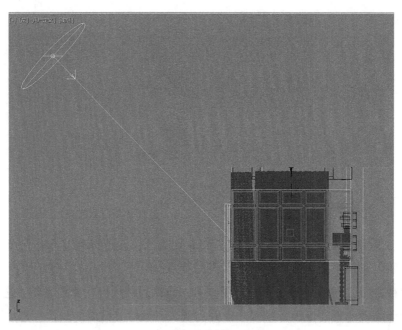

图 4-3-16

V-Ray Sun

Would you like to automatically add a VRaySky environment map?

是(Y)　否(N)

图 4-3-17

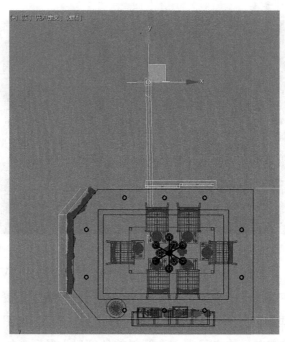

图 4-3-18

3）调整太阳光参数。将选择器类型调整为只选择灯光类型，如图 4-3-19 所示。选中刚添加的 V-Ray 太阳光，在修改器面板中，调整太阳光的颜色，为偏暖的金色，如图 4-3-20 所示。

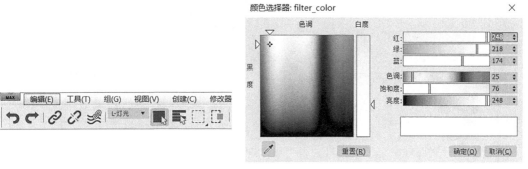

图　4-3-19　　　　　　　　　　　　　　　　　　图　4-3-20

4）设置太阳光的强度倍增为 0.06，大小倍增为 3.0，如图 4-3-21 所示。根据渲染效果，进一步调整太阳光参数。将当前视图选定为摄影机视图，单击"渲染"按钮进行渲染，根据渲染的效果，如果亮度曝光或者偏暗，就微调一下太阳光的强度倍增参数，如果色调偏冷或偏暖，就微调一下太阳光的颜色值。微调之后的效果如图 4-3-22 所示。

图　4-3-21

图　4-3-22

5）设置渲染环境。太阳光添加上之后，渲染图中显示窗外还是纯黑的环境。我们选择一副白天的外景图作为外面的环境贴图。选择"渲染"→"环境"菜单，如图 4-3-23 所示。在弹出的"环境和效果"对话框中，单击环境贴图的按钮，如图 4-3-24 所示。

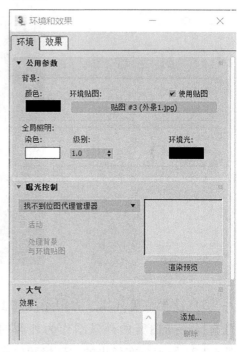

图 4-3-23　　　　　　　　　　　　图 4-3-24

6）在弹出的"材质／贴图浏览器"对话框中，选择"通用"→"位图"，如图 4-3-25 所示。在弹出的"选择位图图像文件"对话框中选择合适的日景贴图的图片，单击"确定"按钮。添加好贴图的环境对话框，如图 4-3-26 所示。

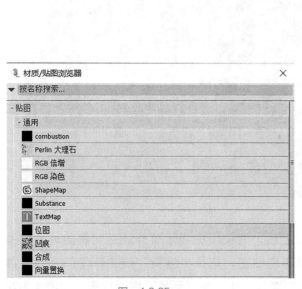

图　4-3-25　　　　　　　　　　　　图　4-3-26

7）渲染摄影机视图，得到已经有了外景贴图的餐厅效果，如图 4-3-27 所示。观察此时的餐厅室内光线仍然比较暗，不符合室外阳光明媚的感觉。继续给室内添加环境光。

图 4-3-27

8）添加环境光。选择"创建"→"灯光"→"VRay"→"VRayLight"，如图 4-3-28 所示。在左视图中创建与窗口差不多大小的平面状的 V-Ray 灯光，如图 4-3-29 所示。

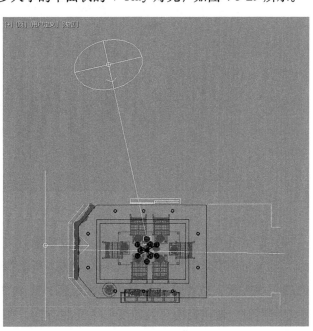

图 4-3-28

图 4-3-29

9）调整环境光的参数。选中刚创建的 V-Ray 灯光，在修改器面板中，调整灯光的颜色为比较淡的暖色，如图 4-3-30 所示。调整强度倍增为 5，如图 4-3-31 所示。测试渲染效果如图 4-3-32 所示。

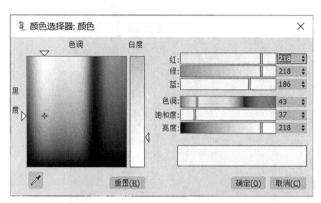

图 4-3-30   图 4-3-31

图 4-3-32

10）添加补光。观察测试渲染图，会发现靠近摄影机的近端墙壁颜色有些暗，这是因为太阳光和环境光都是从窗口远端入射的，所以我们在近端再添加一个补光，来平衡室内的光线平衡。选择窗外的环境光，复制一个新的 V-Rray 面光，如图 4-3-33 所示。由于方向不对，使用镜像工具改变一下光照方向，如图 4-3-34 所示，将这个 V-Rray 面光移动至摄影机前，如图 4-3-35 所示。

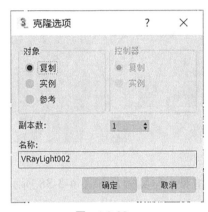

图　4-3-33

图　4-3-34

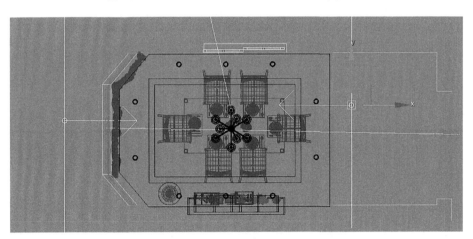

图　4-3-35

11）调整补光的参数。由于补光只对场景中较暗的部分进行局部补光，所以强度倍增一般较小，颜色可以根据室内色调的需要选择偏冷、偏暖或单纯的白色。由于这个V-Rray面光位于摄影机前面，所以要将"不可见"的参数勾选，以免挡住摄影机的视线，如图4-3-36所示。最终餐厅所有的灯光分布如图4-3-37所示。

图　4-3-36

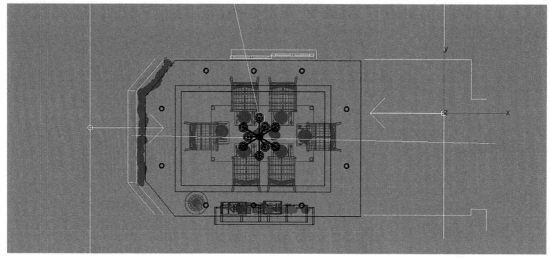

图 4-3-37

12）测试渲染。对摄影机视图进行测试渲染，得到效果如图 4-3-38 所示。

图 4-3-38

【夜景灯光的添加】

同样一个场景，由于光照和反射的不同，氛围和感觉也会大有不同，就如同日景与夜景的区别。夜景灯光效果中，灯光的效果更加璀璨，室外的暗和室内的亮形成迷人的对比，更能凸显室内设计营造的氛围。仍然以餐厅空间为例，来设计夜景灯光的效果。

1）在 3ds Max 中打开餐厅模型，在经过渲染参数调整后，对餐厅场景进行初始渲染，此时呈现完全没有任何光线的效果，如图 4-3-15 所示。

2）首先添加室外的环境光。选择"创建"→"灯光"→"VRay"→"VRayLight"，在左视图中创建与窗口差不多大小的平面状的 V-Ray 灯光，如图 4-3-39 所示。在顶视图中调整面光的位置，使之位于餐厅窗口外面，并向室内打光，如图 4-3-40 所示。

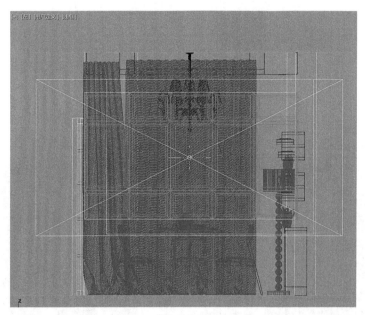

图　4-3-39

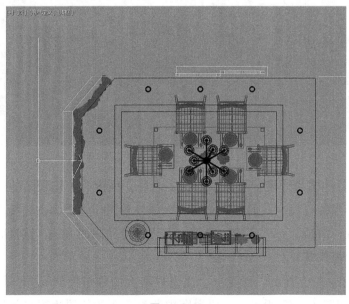

图　4-3-40

3）调整环境光的参数。选中刚创建的 V-Ray 灯光，在修改器面板中，调整灯光的颜色为夜晚的深蓝色，如图 4-3-41 所示。调整强度倍增为 5，测试渲染效果如图 4-3-42 所示。

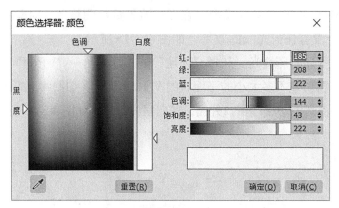

图　4-3-41

图　4-3-42

4）设置外景的渲染环境。环境光添加上之后，室内有了比较暗的深蓝色的光，但此时窗外还是纯黑的环境。我们选择一副夜晚的外景图作为外面的环境贴图。区别于日景效果中直接在"渲染"→"环境"菜单中设置环境贴图的方法，这次我们把外景贴图附在一个具体的窗外模型上。

在左视图窗口的位置上，创建一个比窗口略大的幕布模型（"平面"或"长方体"工具都可以），如图 4-3-43 所示。在顶视图中调整幕布的位置为窗口外侧，和环境光靠近的位置。如图 4-3-44 所示。线框图下的相对位置如 4-3-45 所示。

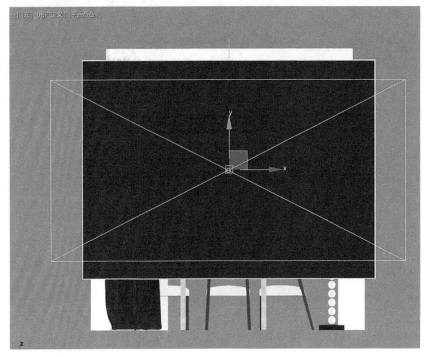

图 4-3-43

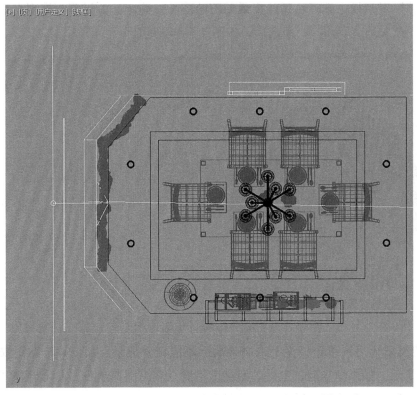

图 4-3-44

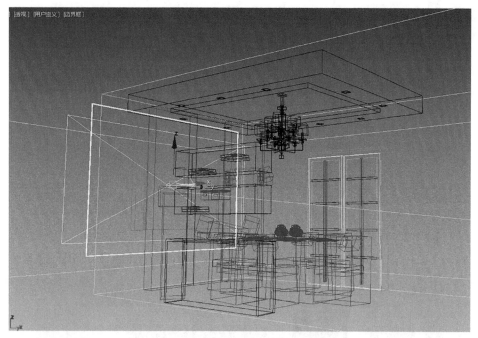

图 4-3-45

5）在"材质编辑器"中，选择一个材质球，在标准材质下，单击漫反射的贴图按钮，在弹出的"材质贴图浏览器"对话框中，选择"通用／位图"，在弹出的"选择位图图像文件"对话框中选择合适的夜景贴图的图片，确定。如果幕布模型是平面，在此处材质中注意勾选"双面"材质选项，如图 4-3-46 所示。

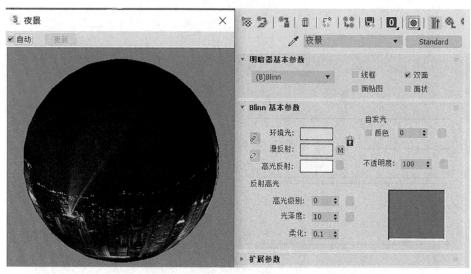

图 4-3-46

6）把材质应用到幕布模型上，如果贴图不能正确显示，加 UVW 贴图修改器，如图 4-3-47 所示。如果渲染后，室外贴图亮度不够，在贴图通道中，向上调整"输出量"，如图 4-3-48 所示。最终夜景贴图效果如图 4-3-49 所示。

图 4-3-47　　　　　　　　　　　　　　　　　　　图 4-3-48

图 4-3-49

7）渲染时，如果幕布位于灯光前面，挡住了光线射入室内，则需要在灯光参数中，对幕布模型进行排除，如图 4-3-50 所示。

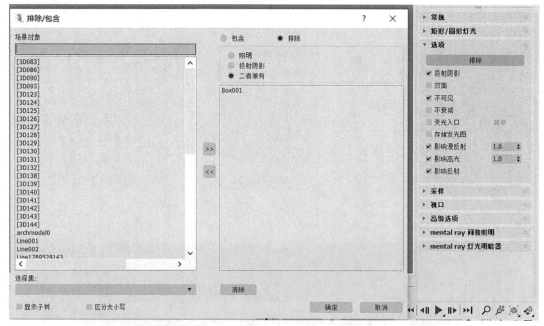

图 4-3-50

8）在设置好外景和环境光之后，室内的光线仍然非常暗淡。此时开始添加室内的主光源。一般室内的吊灯、台灯等可以作为主光源。本例中的餐厅吊灯有九个灯筒，分别使用九个 V-Ray 点光源来点亮它们。选择"创建"→"灯光"→"VRay"→"VRayLight"，在顶视图中依次为吊灯的各个灯筒添加灯珠，在左视图中调整灯珠的高度，如图 4-3-51 所示。注意各个灯珠在复制时要选择"实例"模式，以便后期统一对各个灯进行颜色和倍增的修改，如图 4-3-52 所示。

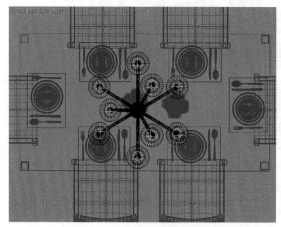

图 4-3-51

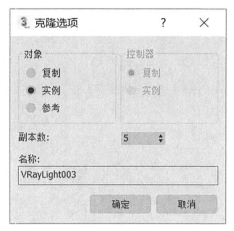

图 4-3-52

9）设置吊灯的参数为球状类型，暖色，倍增为5，如图4-3-53所示。测试渲染的效果如图4-3-54所示。

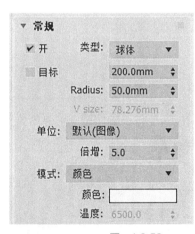

图 4-3-53

图 4-3-54

10）在设置吊灯的灯光之后，再来设置灯池里的灯带，灯带的光一般采用V-Ray灯光来实现。选择"创建"→"灯光"→"VRay"→"VRayLight"，如图4-3-55所示。在顶视图中依次为灯池的各个边缘添加灯带。在复制吊顶长短边的灯带时，可以用"缩放"工具对灯带长度进行缩放，以契合灯池的长度，如图4-3-56所示。在左视图中调整灯带的高度，如图4-3-57所示。

图 4-3-55

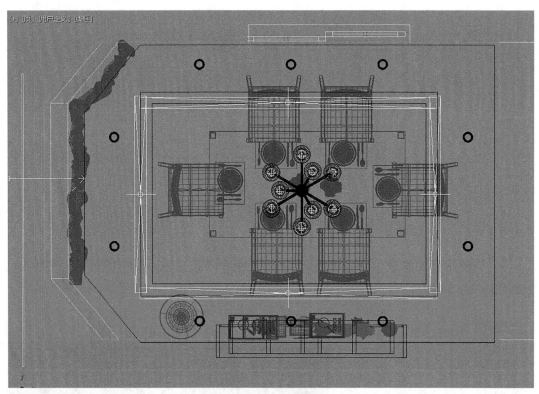

图 4-3-56

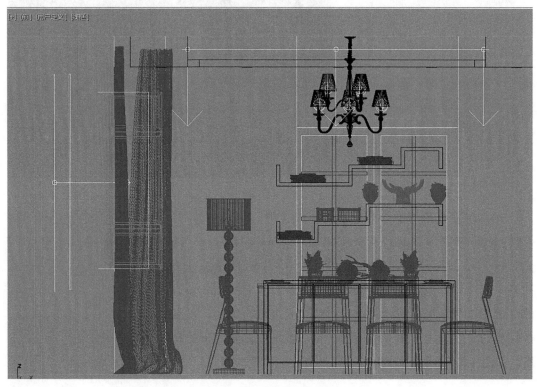

图 4-3-57

11）在调整好灯带的高度之后，因为此时灯带的V-Ray灯光方向朝下，使用"镜像"工具将其调整为朝上，如图4-3-58所示。再微调灯带的高度，最终灯带的位置如图4-3-59和图4-3-60所示。

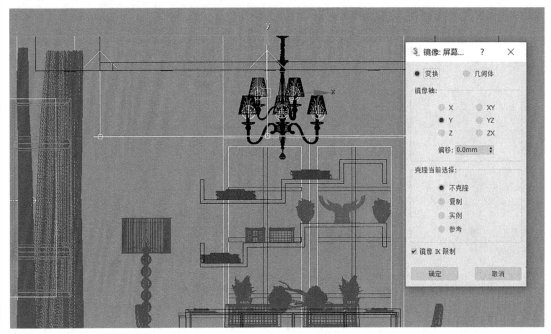

图　4-3-58

图　4-3-59

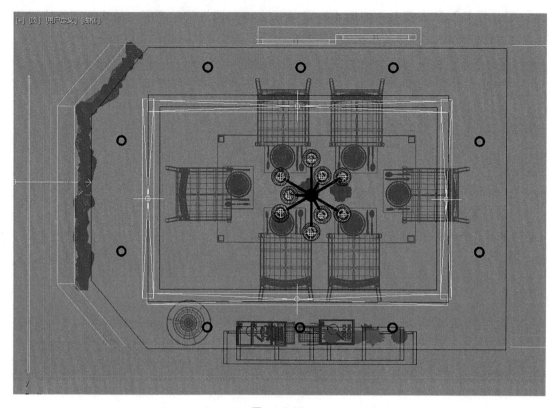

图 4-3-60

12）调整灯带的颜色为暖色，如图 4-3-61 所示。倍增设为 5，测试渲染效果如图 4-3-62 所示。

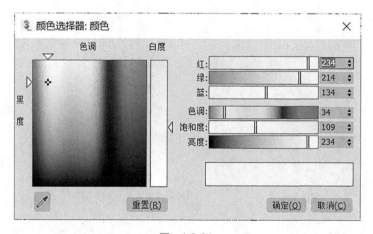

图 4-3-61

图 4-3-62

13）添加射灯。选择"创建"→"灯光"→"VRay"→"VRayIES"，在前视图中，在吊顶射灯的模型处，添加 IES 射灯，如图 4-3-63 所示。以实例的方式复制出其他射灯，并调整好对应的位置，如图 4-3-64 和图 4-3-65 所示。

图 4-3-63

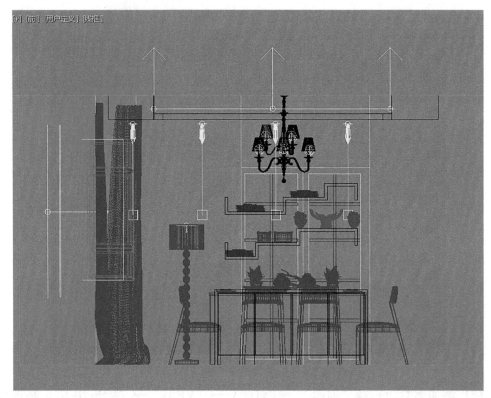

图 4-3-64

图 4-3-65

14）调整射灯的参数，选择 IES 对应的光域网文件，如图 4-3-66 所示。并设置射灯的颜色和亮度，如图 4-3-67 所示。

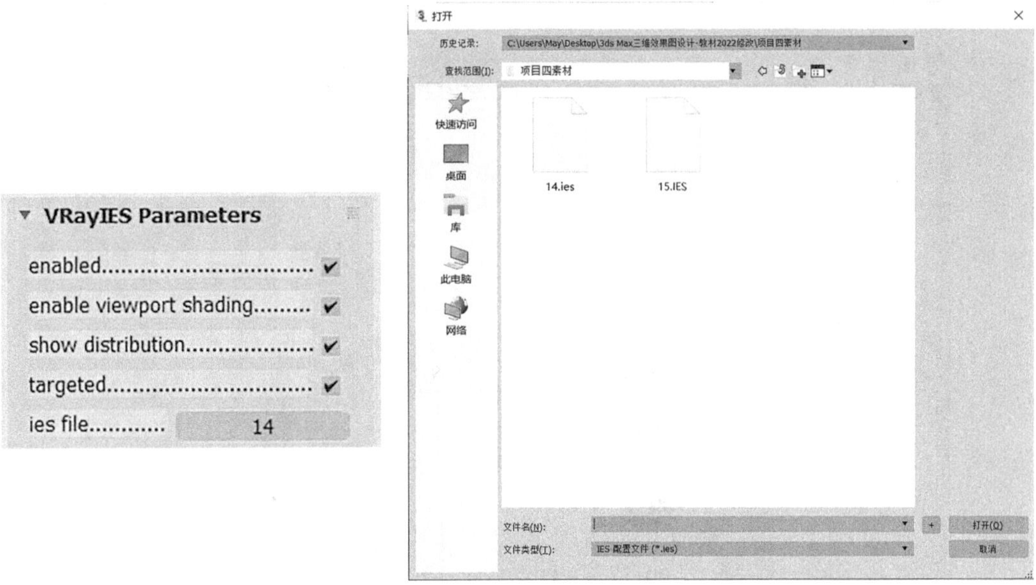

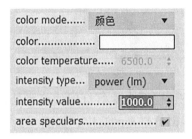

图 4-3-66

图 4-3-67

15）测试后射灯模型颜色太暗，重新调整射灯模型的自发光材质，如图 4-3-68 所示，最后再测试射灯的效果，如图 4-3-69 所示。

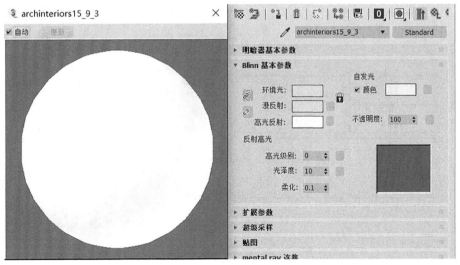

图 4-3-68

图 4-3-69

16）给地灯添加灯光。在顶视图中地灯灯罩的位置处，创建一个新的 V-Ray 灯光，如图 4-3-70 所示。在左视图中调整灯光的高度，如图 4-3-71 所示。

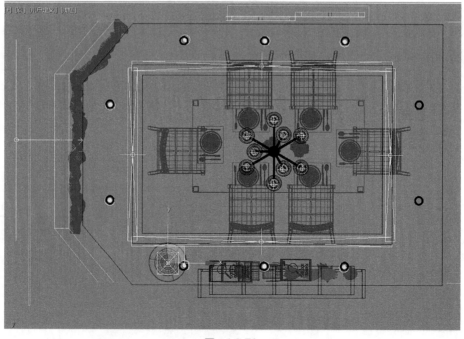

图 4-3-70

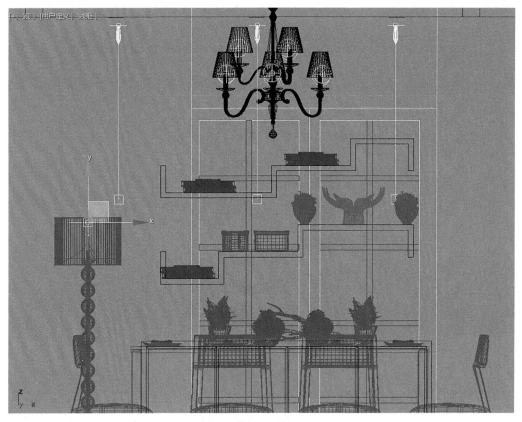

图 4-3-71

17）调整地灯的灯光参数。设置地灯类型为平面，灯光颜色为暖色，倍增为25，如图4-3-72所示，测试渲染效果如图4-3-73所示。

图 4-3-72

图 4-3-73

18）添加补光。观察测试渲染图，会发现靠近摄影机的近端墙壁颜色有些暗，所以我们在近端再添加一个补光，来平衡室内的光线。创建一个新的 V-Ray 面光，将这个面光移动至摄影机前，如图 4-3-74 所示。调整合适的倍增和颜色，最后测试渲染效果如图 4-3-75 所示。

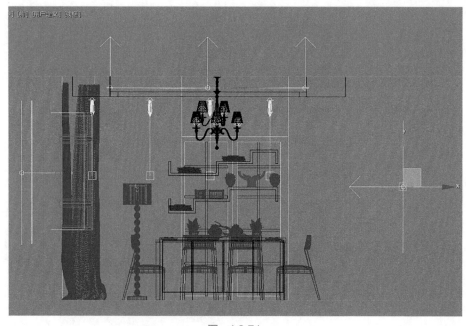

图 4-3-74

图 4-3-75

【V-Ray 大图渲染参数调整】

为了得到更细腻的渲染效果，在输出成图的时候需要把渲染参数设置得高一些，具体设置如下。

1）在"公用参数"卷展栏中设置参数"输出大小"的"宽度"为 2000 像素、"高度"为 1500 像素，如图 4-3-76 所示。

图 4-3-76

2）展开"全局开关"卷展栏，然后在"灯光"选项组下设置"缺省灯光"为"关掉"，并取消勾选"隐藏灯光"选项，接着在"材质"选项组下勾选"光泽效果"选项，如图 4-3-77 所示。

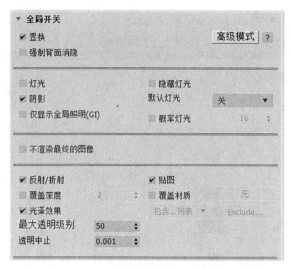

图 4-3-77

3）在"图像采样器（抗锯齿）"卷展栏中设置"图像采样器"类型为"自适应DMC"，然后设置"抗锯齿过滤器"类型为"Mitchell-Netravali"，如图 4-3-78 所示。

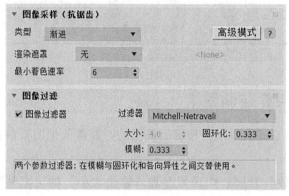

图 4-3-78

4）在"颜色贴图"卷展栏中设置"类型"为"Exponential"，如图 4-3-79 所示。

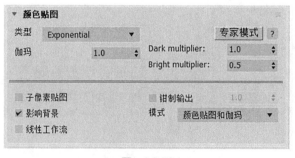

图 4-3-79

5）在"全局照明 GI"卷展栏中设置"首次反弹"的"全局光引擎"为"发光贴图"，设置"二次反弹"的"全局光引擎"为"灯光缓存"，如图 4-3-80 所示。

图　4-3-80

6）在"发光图"卷展栏中设置"当前预置"为"低"、"半球细分"为 60、"插值采样值"为 20，如图 4-3-81 所示。

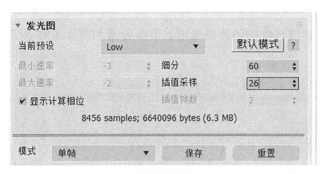

图　4-3-81

7）在"灯光缓存"卷展栏中设置"细分"为 1200，然后勾选"显示计算状态"选项，如图 4-3-82 所示。

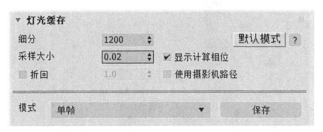

图　4-3-82

8）在"全局确定性蒙特卡洛"卷展栏中设置"自适应数量"为 0.75、"最少采样"为 12、"噪波阈值"为 0.03，如图 4-3-83 所示。

图　4-3-83

9）在"设置"→"系统"选项卡，设置"动态内存限制"为 8000、"默认几何体"为"动态"，在"动态分割块"选项组下设置"序列"为"Top → Bottom"，如图 4-3-84 所示。

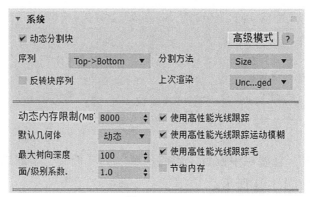

图 4-3-84

10）按 <F9> 键进行成图的渲染输出，渲染效果如图 4-3-85 所示。

图 4-3-85

四、任务评价

1）日景效果逼真，太阳光和环境光明暗协调，参数设置正确。

2）夜景效果逼真，室内各光源效果真实，参数设置正确。

3）渲染器参数设置合理。

4）摄影机角度和视角科学合理。

五、必备知识

在 3ds Max+V-Ray 效果图制作的灯光设计中，提供了三种不同的灯光类型，即标准灯光、光度学灯光、V-Ray 灯光。各个灯光的设置和参数都有相通之处。下面以标准灯光为例来分析灯光的创建类型及常用参数。

3ds Max 2017 的标准灯光提供了八种不同的灯光类型，如图 4-3-86 所示。其中，比较常用的有以下几种。

1）目标聚光灯。目标聚光灯的创建方式与摄像机的创建方式非常类似。目标聚光灯除了有一个起始点以外还有一个目标点。起始点表明灯光所在位置，而目标点则指向希望得到照明的物体。目标聚光灯用来模拟手电筒、灯罩为锥形的台灯、舞台上的追光灯、军队的探照灯、从窗外投入室内的光线等照明效果。可以在正交视图（即二维视图，如顶视图等）中分别移动起始点与目标点的位置来得到满意的效果。起始点与目标点的连线应该指向希望得到该灯光照明的物体。

图 4-3-86

检查照明效果的一个好办法就是把当前视图转化为灯光视图（对除了泛光灯之外的灯光都很实用）。办法是用鼠标右键单击当前视窗的标记，在弹出菜单中选择"VIEWS"，找到想要的灯光名称即可。一旦当前视图变成灯光视图，则视窗导航系统上的图标也相应变成可以调整灯光的图标，如旋转灯光图标、平移灯光图标等，这对我们检查灯光照明效果有很大的作用。灯光调整好后可以再切换回原来的视图。

2）自由聚光灯。与目标聚光灯不同的是，自由聚光灯没有目标物体，它依靠自身的旋转来照亮空间或物体。自由聚光灯其他属性与目标聚光灯完全相同。如果要使灯光沿着路径运动（甚至在运动中倾斜），或依靠其他物体带动它的运动，请使用自由聚光灯而不是目标聚光灯。

通常可以连接到摄像机上来始终照亮摄像机视野中的物体（如漫游动画）。如果要模拟矿工头盔上的顶灯，用自由聚光灯更方便。只要把顶灯连接到头盔上，就可以方便地模拟头灯随着头部运动的照明效果。调整自由聚光灯的最重要手段是移动与旋转。如果沿着路径运动，往往更需要用旋转的手段调整灯光的照明方向。

3）目标平行光。目标平行光起始点代表灯光的位置，而目标点指向所需照亮的物体。与聚光灯不同，平行光中的光线是平行的而不是呈圆锥形发散的。目标平行光可以模拟日光或其他平行光。

4）自由平行光。自由平行光用于漫游动画或连接到其他物体上，可用移动、旋转的手段调整灯光的位置与照明方向。

5）泛光。泛光属于点状光源，它向四面八方投射光线，而且没有明确的目标。泛光的应用非常广泛。如果要照亮更多的物体，请把灯光位置调得更远。由于泛光不擅长于凸现主题，所以通常作为补光来模拟环境光的漫反射效果。

不管是哪一种灯光，创建时都有极其类似的卷展栏，例如，聚光灯的几个卷展栏有以下几个参数。

1）"名字与颜色"卷展栏。可以把灯光默认的名称改成容易辨认的名称。如泛光默认名为"OMNI01"等。如果该灯是用来模拟烛光照明的，可以把它改名为"烛光"。由于灯光一旦建得多了难以分辨会带来麻烦降低工作效率，强烈建议大家养成给3ds Max物体改名称的好习惯。颜色跟其他物体不一样，既不代表灯光的光色（如发红光的灯的颜色并不在此调整），也不表示视窗中灯光图标的颜色。

2）"普通参数"卷展栏。在此卷帘中可以设置灯光的颜色、亮度、类型等参数。各种灯光的设置比较雷同。

3）"灯光参数"卷展栏。所有的灯光都具备投影的属性，除了泛光灯外，都有高亮区与衰减区的设置等选项。

4）"灯光衰减效果"卷展栏。自然界中的光线都是随距离衰减的，但是在3ds Max中，默认的情况下可以照亮无限远的地方。为了模拟更现实的效果，在这个卷展栏中，都提供了灯光随距离衰减的选项。

5）"阴影参数"卷展栏：提供两种阴影参数设置以供选择（贴图方式的阴影与光线追踪方式的阴影）。另外还有灯光在大气环境中阴影设置选项。

6）"阴影贴图参数"卷展栏：提供各种质量的阴影贴图参数以满足不同的需要。

六、触类旁通

结合以上关于餐厅空间的灯光设计知识，尝试给客户王女士设计客厅和卧室空间的灯光效果。

项目五　卫浴效果图设计

【项目说明】

　　卫浴空间可谓是家中最为私密又不可或缺的一个功能区域。根据不同的户型和空间大小，卫浴空间设计在干湿分离、巧做收纳、防水防潮等方面有自己独特的设计方法和特点。本项目在完成一个欧式卫浴空间的设计案例的基础上，介绍常见家居卫浴空间的设计风格、设计原则和方法；同时借助卫浴空间装饰效果图的后期处理过程，介绍在Photoshop中常见的效果图后期处理方法。

【建议课时】

任务一　卫浴模型设计——4学时
任务二　卫浴材质设计——2学时
任务三　卫浴灯光设计——2学时
任务四　卫浴效果图后期处理——6学时
合计——14学时

任务一　卫浴模型设计

一、任务情境

客户王女士一家新购置的一套三居室，装修设计阶段已近尾声。通过与王女士的沟通，设计师注意到王女士是一个非常注重生活品质的人，她对包括卫浴在内的每一个家居空间都有特别的设计要求。由于家居整体设计是欧式风格，王女士希望在卫浴空间中能够根据户型设计合理的干湿区域，并且注重储物的功能，在外观上能将欧式元素巧妙的体现在空间装饰中，打造美观而实用的欧式卫浴空间。设计师首先需要根据王女士卫浴的空间布局，在3ds Max中进行模型设计。

二、任务分析

卫浴空间的模型设计主要体现其空间结构设计和功能设计。卫浴空间，顾名思义，是为居住者提供洗浴、方便、盥洗等卫生活动的空间，也就是俗称的卫生间。在现代人越来越重视居家质量的发展形势下，卫浴空间远远不仅局限在洗浴的范畴，而是被同时赋予放松心情、沉淀心灵的作用。在卫浴空间的设计过程中，功能性和美观性都要兼顾，安全性和实用性也不可偏废。

在建模阶段，家居卫浴空间的设计原则一般有以下几点。

1）空间设计应综合考虑盥洗、卫生间、厕所三种功能的使用，并且尽量做到干湿分离。

在干湿分离时，如果空间面积有限，可将洗浴区地面设置成凹型和斜坡型，与盥洗区地面高度形成高矮区，可以在洗浴区与盥洗区地面设计矮式的"门槛"将湿区尽量与干区分隔开来，此方案容易实现且日常使用方便，如图5-1-1所示。

2）注重通风采光。充分借助卫浴空间的外窗实现通风采光的功能，如果卫浴间无窗，一定要注意通风设备的安装和使用照明设备弥补自然光的不足，如图5-1-2所示。

图 5-1-1

图 5-1-2

3）巧用空间做收纳。根据不同的户型，有效利用卫浴间的角落和墙面，设置内嵌式的储物柜、悬挂式的置物架等，都可以大大提升空间的储物功能，从而解决日常卫浴空间的收纳需求。

一般来说，户型卫浴间角落和墙面的有效利用，可大大提升该空间里的储物容量，例如，在盥洗盆下方放置浴柜或洗衣机，在墙面安装悬挂式置物架，设置内嵌式置物柜台等。都可解决日常卫浴间收纳所需，如图5-1-3所示。

图 5-1-3

王女士家的卫浴空间整体比较狭长，有窗，属于长方形的明卫，如图2-1-1所示。这种类型的卫浴空间，在设计上应该注重空间的排布、储物空间的合理利用，设计风格选择和居室相同的欧式风格。我们需要在3ds Max中首先创建卫浴的房体模型、卫浴洁具模型，并且注意尺寸的选择符合人体工程学的标准。

三、任务实施

【房体模型创建】

1）启动3ds Max软件，并设置单位为毫米，如图5-1-4所示。

2）选择"文件"→"导入"→"导入"命令，选择本项目对应的户型图CAD文件，将其导入至3ds Max中，如图5-1-5所示。

3）将导入的CAD图形按<Ctrl+A>组合键全部选中后，组合，坐标归零，并将捕捉按钮设为顶点捕捉和端点捕捉，如图5-1-6所示。

图　5-1-4

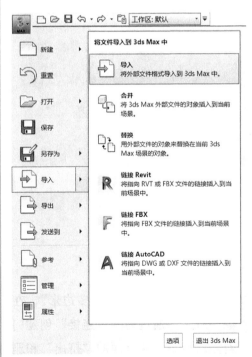

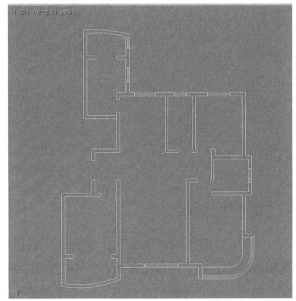

图　5-1-5

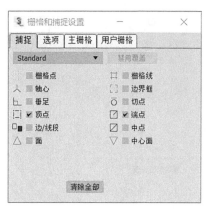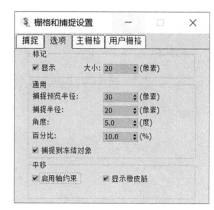

图 5-1-6

4）选择"创建"→"图形"→"线"按钮，沿着公用卫生间的内墙，描绘房体的结构。在绘制好的样条线上，施加"挤出"修改器，数量为3000mm，得到卫生间的房体模型，如图5-1-7所示。

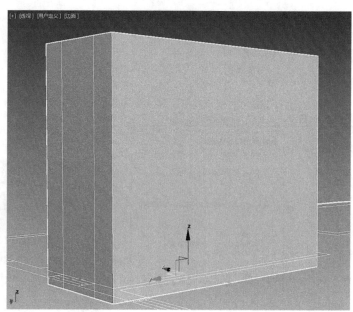

图 5-1-7

【门窗模型创建】

1）选择卫生间房体模型，单击鼠标右键选择"转换为"→"可编辑多边形"，在编辑面板中，在"可编辑多边形"→"边"的子对象层级下，通过边的"连接"创建门窗的结构。在"可编辑多边形"→"多边形"的子对象层级下，通过面的"挤出"和删除，创建门洞和窗洞，如图5-1-8和图5-1-9所示。

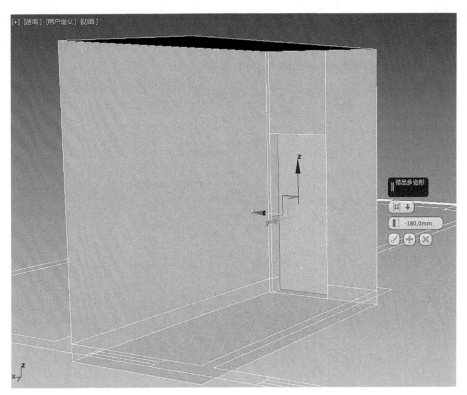

图　5-1-8

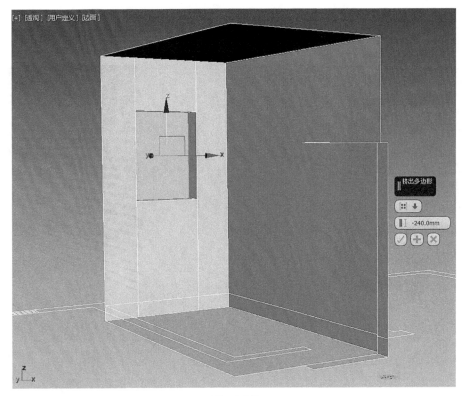

图　5-1-9

2）选择"导入"→"合并"命令，将门、百叶窗模型导入到场景中来（见"素材"→"项目五"→"欧式卫浴模型"），如图 5-1-10 所示。导入后，调整门、窗的大小比例和位置，得到门窗模型效果如图 5-1-11 所示。

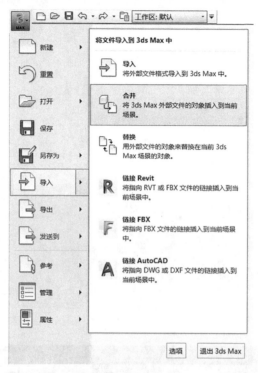

图 5-1-10

图 5-1-11

【卫浴吊顶模型创建】

选择卫生间房体模型，在编辑面板中，在"可编辑多边形"→"多边形"的子对象层级下，选择卫生间的顶部，通过多边形的"挤出"创建吊顶的模型，如图 5-1-12 所示。

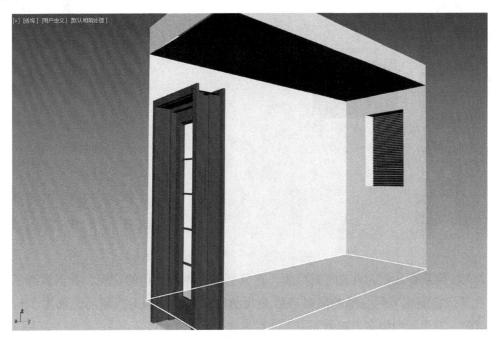

图 5-1-12

卫生间吊顶和其他居室的吊顶有所不同，卫生间吊顶多采用铝镁合金等材料的集成吊顶，更多考虑的是防潮防霉，照明、换气、取暖等功能。

卫生间的吊顶高度和卫生间大小有关系，如果卫生间比较大，吊顶不宜过高，否则会显得空荡荡和比较冷清的感觉；反之，如果卫生间面积较小，吊顶则不宜过矮，以免空间过于压抑拥挤。所以吊顶高度要根据卫生间大小来调整，一般可设计为2.2~2.5m。

除此之外，卫生间的吊顶高度还应考虑以下两个因素。第一，与卫生间顶部的下水管道有关。吊顶高度需要参考卫生间顶部的下水管道最低点，至少要把上层下水管的最低点盖住。第二，与浴霸和灯具的安装距离有关。考虑管线的通过空间，一般在无梁的条件下，至少留出150mm以上的距离。

【卫生洁具模型创建】

1）根据卫生间户型比较狭长的特点，设计将洗手台、马桶、浴房按照从外到内的顺序一字排开。选择"导入"→"合并"命令，选择合适的欧式卫生洁具模型（见"素材"→"项目五"→"欧式卫浴模型"），将洗手台、马桶、浴缸等模型导入至 3ds Max 中。导入后，调整家具的比例和位置，模型效果如图 5-1-13 所示。

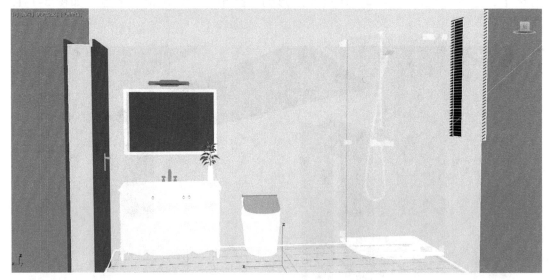

图 5-1-13

2）为了满足卫浴空间的收纳功能，充分利用墙体和拐角的空间，我们设计了折叠式置物架，它能在节约空间的同时巧妙地收纳衣物和常用的卫浴用品，如图 5-1-14 所示。至此，卫生间的模型创建就完成了。

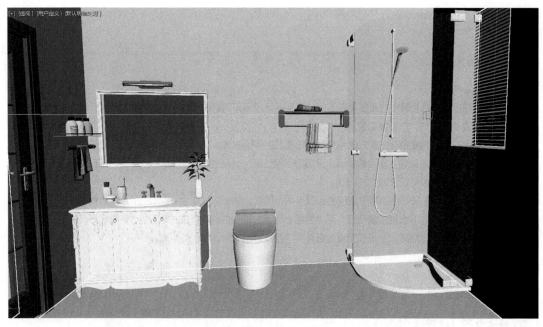

图 5-1-14

四、任务评价

1）卫浴空间的墙体和门窗严格按照 CAD 施工图进行绘制，符合设计方案的户型要求。

2）卫浴空间的卫生洁具、灯具尺寸合理，比例正确。

3）选择的卫生洁具及日用品和摆件符合欧式风格的整体搭配。

五、必备知识

在掌握了卫浴空间的设计原则和设计方法之后，卫浴空间的设计风格根据家居设计主体风格的不同，也分为现代简约风格、中式风格、欧式风格、地中海风格等。区别于客厅、卧室等空间可以全方位展现风格的特点，卫浴空间的风格主要体现在颜色的搭配和局部卫生洁具的造型上。

如现代简约风格的卫浴空间，并不仅仅是个性的表现，还融入了现代的便捷思想和时尚的潮流元素。该风格在设计上注重氛围的营造，并不需要过多繁复的装饰，强调去繁留简，甚至常见的线条和几何图形的交织便能将卫生间的个性展现出来，如图 5-1-15 所示。

图　5-1-15

在现代简约风格的卫浴模型的设计中，不要将造型复杂的元素融入，否则容易破坏"简约"的特色。一般来说，使用长方形的现代浴室柜，大气简约，简单地配上长方形的浴室镜，加以边框形成上下呼应的感觉。同样造型的嵌入式浴缸与浴室柜造型相融合，在整体空间上形成阶梯效果，高低错落，层次感强烈，时尚的现代感得以充分呈现，如图 5-1-16 所示。

图 5-1-16

中式风格的卫浴空间，应在细节中呈现出人文情怀。它不是复古元素的简单堆砌，而是在现代的装修风格中融入古典元素，是设计师根据对业主的深度分析，驾驭设计元素的能力体现。中式装修讲究的是"原汁原味"和自然和谐的搭配，如图 5-1-17 所示。中式风格的卫浴空间在模型上没有与其他风格形成特别多的差异，它更多的是通过材质将中式纹理和民族元素表现出来。例如，瓷砖选择有拼花的装饰元素，将典雅的中国文化元素镶嵌其中，如图 5-1-18 所示。

图 5-1-17

图　5-1-18

　　欧式风格的卫浴空间，造型时尚华贵，如拱形门窗、拱形镜框、罗马柱造型等，大方得体。欧式壁灯、水晶吊灯的巧妙使用也能使得卫浴间多一丝浪漫的感觉。欧式风格的卫浴同样注重实用性，如设计巧妙的梳洗柜，不仅美观，还给卫浴间提供了收纳空间；欧式风格的装饰品时尚又实用，如图 5-1-19 所示。从模型外观上判断，欧式风格卫浴的造型比现代风格要复杂些，大量使用雕花或者罗马柱之类的线条和造型，主要突出欧式宫廷风格，十分华丽。家具的品质也非常考究，如浴镜多采用高级银镜，成像更清晰、精准、真实，不起斑点，使用寿命更长久；柜体材质多使用防水性好的木质，再加上表面多次喷漆处理，防刮、防水、防潮、防虫、不发霉，木质坚硬、纹理细腻、密度高，彰显高贵的品质，如图 5-1-20 所示。

图　5-1-19

图 5-1-20

　　地中海风格的卫浴空间，带着蓝天白云的清爽和阳光沙滩的气息，正如地中海风格的特点一样，装饰舒适、简单明了，在细节处理上细腻精巧，又能贴近自然的脉动，充满了生命力。如马赛克拼贴墙面表现出海水般清凉的感觉，不规则的石砖或鹅卵石让空间尽显自然，如图5-1-21所示。地中海风格在造型上多利用一些波浪形的装饰，使整体空间更具张力，营造一种随心所至的自然意念。

图 5-1-21

卫浴空间的设计通常来说都要沿袭家庭装修的整体风格，这样才能使家居风格相互协调。但是有时也有例外，如家居设计的整体风格主要使用的是欧式风格，如果主人喜欢在卫浴间采用地中海风格，那么从总体感觉上也是协调的，不会有太过突兀的地方。

六、触类旁通

结合以上关于卫浴空间的模型设计知识，尝试给客户王女士设计几种不同风格的卫浴空间的方案，并从实用性和美观性两方面阐述方案的设计思路。

任务二　卫浴材质设计

一、任务情境

在前期的模型设计中，设计师首先根据王女士家卫浴的空间布局，在 3ds Max 中完成了模型设计。为了凸显欧式卫浴空间的尊贵和典雅，体现卫浴空间防潮和储物等功能，设计师还需要给卫浴空间中的各种模型赋予真实的材质表现。

二、任务分析

随着新材料应用的推广，卫浴空间的材质也经历了由陶瓷制品"一统天下"到各类材料异彩纷呈的现况。石材、玻璃、木材、亚克力或者树脂等各种材料都成为陶瓷制品的良好替代产品。例如，瓷质釉面砖逐渐代替传统的陶土砖，颜色呈现更加千变万化；木制浴缸的质朴、亚克力浴缸的精致让有文艺情怀的用户们忍不住心动；马赛克和各类玻璃材质在卫生间里大行其道，为卫浴空间带新的来生机等。这些新材料的面世，将更好地体现不同风格下设计师给予卫浴空间的设计底蕴。一般来说，卫浴空间的材质设计最需要注重的是防滑防潮的功能。

除设置排气和地漏之外，地面建议采用防水、耐脏、防滑的凹凸花纹地砖、花岗岩等材料；墙面可采用光洁素雅的瓷砖，吊顶宜用塑料板材、玻璃和半透明板材等吊板，亦可用防水涂料装饰；电源插座需要设置有防漏电措施，在安装时必须距离地板 0.6m 以上。

在地板方面，以天然石料做成地砖，既防水又耐用。大型瓷砖清洗方便，容易保持干爽；而塑料地板的实用价值甚高，加上饰钉后，其防滑作用更显著。加高地板的设计，让干湿分区卫浴层次更加分明，减少干区的潮湿度，同时可以把想要隐藏的管道收起来。不过家里有老人的话就要注意，要尽量避免地面的高度差，尤其是浴室比较潮湿，需要适当增加防滑脚垫等。

卫浴空间如果有装饰画，画框的材质也要采用防水的材质，如铝材或不锈钢等。

三、任务实施

【房体材质添加】

1）打开上个任务中完成的卫浴空间模型，如图 5-2-1 所示。在这个模型中，部分家具模型在导入时就已经设置好了材质和贴图，我们只需要给其余没有材质的部分设置材质，如墙面、顶面、地面和部分家具等。

图 5-2-1

2）设置墙面的瓷砖材质。选择卫生间房体模型，选择编辑面板，在"可编辑多边形"→"多边形"的子对象层级下，选择卫生间所有墙面。打开"材质编辑器"（按快捷键 <M>），选择一个空材质球，重命名为"墙砖"，类型设置为 VRayMtl，如图 5-2-2 所示。

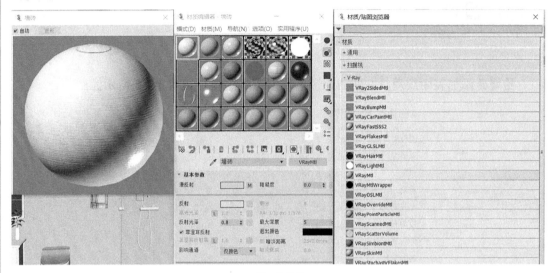

图 5-2-2

漫反射的贴图选择 VRay 贴图的位图，选择"素材"→"项目五"→"欧式卫生间模型"→"墙砖 .jpg"，将真实世界比例下宽和高大小分别调整为 100mm，如图 5-2-3 所示。

图 5-2-3

调整墙砖的表面光滑效果。反射设为 160，勾选"菲涅尔反射"，"反射光泽"设为 0.8，如图 5-2-4 所示。

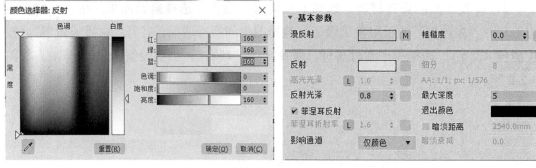

图 5-2-4

给墙砖添加表面纹理，在凹凸通道中复制墙纸贴图，如图 5-2-5 所示。

▼ 贴图				
漫反射	100.0	✔	:	贴图 #7 (墙砖.jpg)
粗糙度	100.0	✔	:	无
自发光	100.0	✔	:	无
反射	100.0	✔	:	无
高光光泽	100.0	✔	:	无
反射光泽	100.0	✔	:	无
菲涅耳折射率	100.0	✔	:	无
各向异性	100.0	✔	:	无
各向异性旋	100.0	✔	:	无
折射	100.0	✔	:	无
光泽度	100.0	✔	:	无
折射率	100.0	✔	:	无
半透明	100.0	✔	:	无
烟雾颜色	100.0	✔	:	无
凹凸	30.0	✔	:	贴图 #7 (墙砖.jpg)
置换	100.0	✔	:	无

图 5-2-5

将调整好的墙砖材质拖动至墙体模型上，如果出现贴图纹理混乱等问题，可以在修改面板下使用"UVW 贴图修改"工具进行修正，如图 5-2-6 所示。

图 5-2-6

3）设置地面的地砖材质。选择卫生间模型中已经分离好的地面模型，打开"材质编辑器"，选择一个空材质球，重命名为"地砖"，类型设置为VRayMtl。漫反射的贴图选择 V-Ray 贴图的位图，选择"素材"→"项目五"→"欧式卫生间模型"→"地砖 .jpg"。此地砖为亚光地砖，反射设为 120，勾选"菲涅尔反射"，"反射光泽"设为 0.65。给地砖添加表面纹理，在凹凸通道中复制地砖贴图，并设置数量为 30。

将调整好的地砖材质拖动至地面模型上，在修改面板下使用"UVW 贴图修改"工具进行修正，如图 5-2-7 所示。卫浴地砖效果图如图 5-2-8 所示。

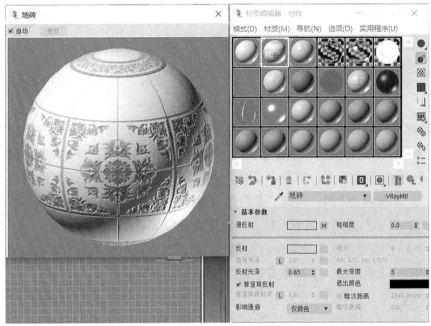

图 5-2-7

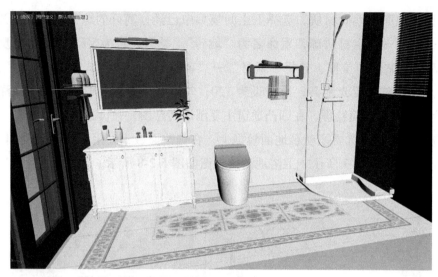

图 5-2-8

4）设置顶面的铝扣板材质。选择卫生间模型中已经分离好的顶面模型，打开材质编辑器，选择一个空材质球，重命名为"天花顶"。类型设置为 VRayMtl。漫反射的贴图选择 V-Ray 贴图的位图，选择"素材"→"项目五"→"欧式卫生间模型"→"铝扣板 .jpg"。反射设为 120，勾选"菲涅尔反射"，"反射光泽"设为 0.78。给铝扣板添加表面纹理，在凹凸通道中复制贴图，并设置数量为 25。

将调整好的顶面材质拖动至顶面模型上，在修改面板下使用 UVW 贴图修改工具进行修正，如图 5-2-9 所示。卫浴地砖效果图如图 5-2-10 所示。

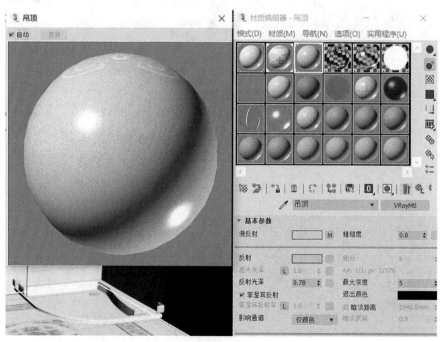

图 5-2-9

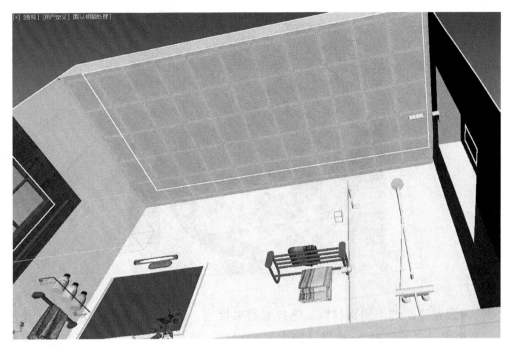

图　5-2-10

小贴士

常见的卫生间吊顶材料有PVC吊顶、桑拿板、铝扣板等。

PVC吊顶：以PVC为原料，经过加工后具有重量轻、安装简便、防水防潮、防蛀虫等优点。它的表面花色图案变化多，且具有耐污染、易于清洗等优良性能。另外，这种材料的成本较低，适合作为卫浴间、厨房以及阳台等空间的吊顶材料。

桑拿板：是一种专用于桑拿房的原木板材，容易安装，一般都经过脱脂处理，具有耐高温、不易变形、健康环保等特点，即使长期浸泡在水中也不会腐烂。用于卫浴间时，最好在表面涂刷一层油漆。

铝扣板：具有阻燃、防腐蚀、防潮等优点，而且拆装方便。如果要调换或者清洁，可用吸盘或专用拆板器将其取下来。铝扣板板面平整，棱线分明，整体效果大气高雅。目前市场上的铝扣板花色款式丰富，装饰效果较好。

【卫浴家具材质添加】

1）设置镜子材质。选择镜子模型，打开"材质编辑器"，选择一个空材质球，重命名为"镜子"。类型设置为VRayMtl。漫反射的颜色选择深灰色，反射设为210，将"菲涅尔反射"取消选中，效果如图5-2-11所示。

图 5-2-11

2）设置置物架的不锈钢材质。选择置物架模型，打开材质编辑器，选择一个空材质球，重命名为"不锈钢"。类型设置为 VRayMtl。漫反射的颜色选择深灰色，反射设置为白色，反射模糊设为 0.8，使不锈钢出现磨砂的效果，如图 5-2-12 所示。

图 5-2-12

四、任务评价

1）首先确定卫浴空间的基本色调。

2）给场景中的物体赋予各自基本的材质，再根据整体设计调整各纹理材质的纹理走向和贴图坐标。

3）按经验调整材质的其他属性，如反射度和透明等，其他的细部属性在设置好灯光后根据实际的需要再做调整。

五、必备知识

卫浴空间的配色技巧是材质设计中必不可少的一环，巧妙的配色能够进一步凸显卫浴空间的设计风格和表现。常见的卫浴空间配色有以下几种情况。

1. 清新风格

以白色和粉蓝色为主调的清新海洋设计风，设计线条简洁、干净清爽，最适合有着浪漫情结的年轻白领。蓝色和白色都是让人感觉平静的色调，而瓷砖上少数的花纹图案使得浴室在这平静中又不乏俏皮灵动。局部配以经典的灰色也使得浴室总体上更彰显时尚感。清新风格集活力、时尚、清新、浪漫于一身，如图 5-2-13 所示。

图 5-2-13

2. 娇媚风格

以紫红色和白色为主调，形成妩媚雅致的氛围，整洁干净之余又带着魅惑感。设计手笔精致独到，勾勒出极具女人味的时尚感。绿植的装饰，如清凉质地的透明玻璃花瓶配上柔美的粉红色花朵，更能显现出女主人的娇媚和风情，亦使得这性感氛围的空间不失优雅气质，如图 5-2-14 所示。

图 5-2-14

3.大气风格

要想浴室设计简洁大方，黑白搭配是最经典的组合，也是永不过时的搭配。大空间的设计彰显出主人的尊贵和大气，而大面积的采光设计，让浴室里洒满阳光。四壁是自然材质的装饰，让整个空间顿感古朴清凉，充满自然气息，在时尚、尊贵、大气中渗透进了自然的淳朴宁静。这类风格较适合事业成功的管理层，在工作繁忙之余彻底地放松，享受难得的独处时光，如图 5-2-15 所示。

图 5-2-15

4. 端庄风格

浴室主要采用木质材料，让人顿生稳重端庄的感觉。在木头的天然纹路中所记载的正是流失的时间对生活的描述：执着、坚韧、宽容、温和。在这种充满木质气息的卫浴空间中，你可以享受到前所未有的放松体验，不管是思考还是阅读，浴室总是一个充满家庭安全感的所在，如图 5-2-16 所示。

图　5-2-16

5. 自然风格

卫浴空间的自然主义，是目前风头最劲的设计风格，它不光体现在材质选取、器具造型和色彩定位上，更体现在空间的规划和意境的营造上。除了合理分隔浴室，减少便溺、洗浴、洗衣和化妆洗脸的相互干扰等条件之外，还应注意整体功能布局、色彩搭配、卫生洁具选择和小物件配套等要领。就算卫浴间的面积不是很大，也可以设计得非常别致。巧妙地应用隔断将盥洗区与淋浴区分开，充分展示了卫生间的整洁有序，在空间运用上更显得灵活而紧凑；木质防水地板的应用体现了整个卫生间的自然、大方；色彩仍然以纯净为主调，大面积地运用白色和柠檬色，看上去干净而富有生气，如图 5-2-17 所示。

图　5-2-17

六、触类旁通

结合以上关于卫浴空间的材质设计知识，尝试给客户王女士设计几种不同风格的卫浴空间的材质方案。

任务三　卫浴灯光设计

一、任务情境

在模型设计和材质设计之后，欧式卫浴空间的效果已经基本呈现出来了。而此时的效果图中光线颜色仍然比较暗淡，欧式风格的尊贵和品质没有凸显出来。为了解决这个问题，设计师还需要进一步为卫浴空间添加灯光。这一次我们选择呈现一种日景的灯光效果。

二、任务分析

一个舒适的卫浴空间，往往会更注重细节的设计和布置，而充足的自然光和照明，将为这个空间的舒适氛围锦上添花。

卫浴空间的灯光设计，依功能可区分为两部分：一是洗澡及如厕空间，另一个就是镜子部分了。一般来说，卫浴空间的光源多布置在天花板和墙壁。天花板的光源作为主光源，相对来讲，墙面光会显得更加柔和，同时可以减少顶光源带来的阴影效应。

卫浴空间依据户型的不同可以分为两类，有外窗的可以借助自然光照明的称为明卫，无外窗只能借助室内光源的称为暗卫。明卫的照明因为可以充分借助窗口进来的自然光，采光条件较为理想。而暗卫大多由于处于内室，且面积有限，因而采光条件不足，需利用防水型日光壁灯或防爆型白炽吊灯，通过增强浴室的照明来弥补自然采光的不足。

三、任务实施

【添加摄影机】

1）在测试灯光时，一般都把渲染角度设在空间内部，所以在添加灯光前，要先设置好摄影机的角度。打开已经设置好材质的卫浴空间模型，如图 5-3-1 所示。

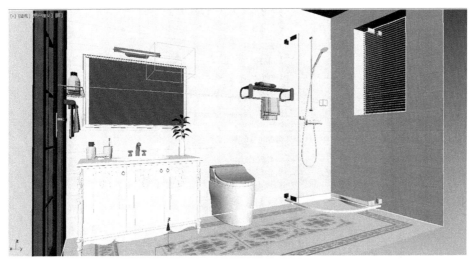

图 5-3-1

2）选择"创建"→"摄影机"→"目标摄影机"，在顶视图中创建从卫生间门口向内方向的摄影机，如图 5-3-2 所示。在左视图中调整摄影机和焦点的高度在 1.2m 左右，如图 5-3-3 所示。

图 5-3-2

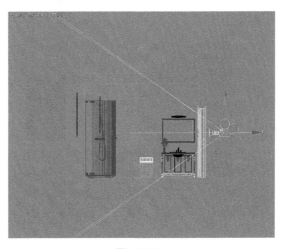

图 5-3-3

3）调整摄影机的参数，设置镜头为 20mm，设置手动剪切参数如图 5-3-4 所示。

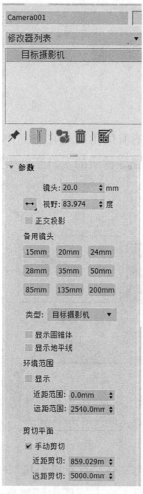

图 5-3-4

4）在左视图中按 <C> 键调整至摄影机视图，得到纵深方向的摄影机视角，如图 5-3-5 所示。

图 5-3-5

【设置 V-Ray 的草图渲染参数】

1）选择渲染器为 V-Ray Adv 渲染器，并设置渲染参数为测试图阶段的参数，如图 5-3-6 所示。打开全局开关面板，关闭默认灯光，如图 5-3-7 所示。

图 5-3-6 　　　　　　　　　　　　　　　图 5-3-7

2）"图像采样（抗锯齿）"："类型"选择"块"，"最小着色速率"设为 1，关闭"图像过滤器"，如图 5-3-8 所示。

图 5-3-8

3）"全局照明 GI"："首次引擎"选择"发光图"，"二次引擎"选择"灯光缓存"，如图 5-3-9 所示。"发光图"下的"当前预设"设为"Very low"，"灯光缓存"的"细分"设为 100，如图 5-3-10 所示。这样，草图渲染参数就设置好了。

图 5-3-9

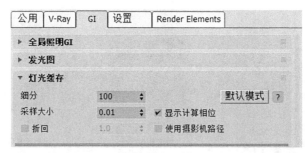

图 5-3-10

【环境光和日光的添加】

添加太阳光。选择"创建"→"灯光"→"VRay"→"VRaySun",在前视图中创建阳光。在弹出的对话框中选择"否",如图 5-3-11 所示。在顶视图中调整阳光射入的方向,如图 5-3-12 所示。

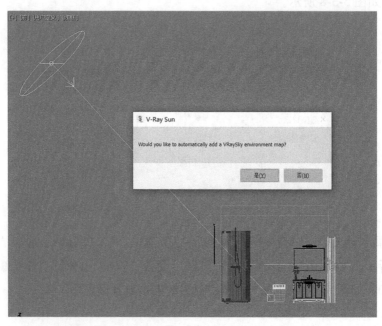

图 5-3-11

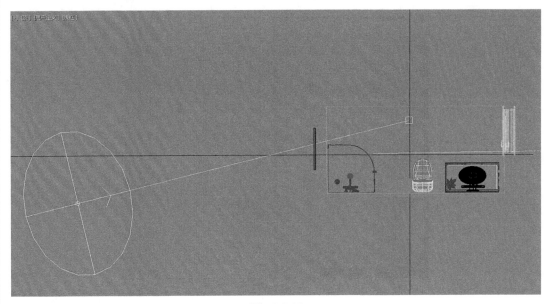

图　5-3-12

选择太阳，在修改面板中设置倍增为 0.01，尺寸倍增设为 3.0。在摄影机视图中渲染测试一下，发现百叶窗挡住了大部分的太阳光，在"排除"中，将百叶窗排除，如图 5-3-13 所示。

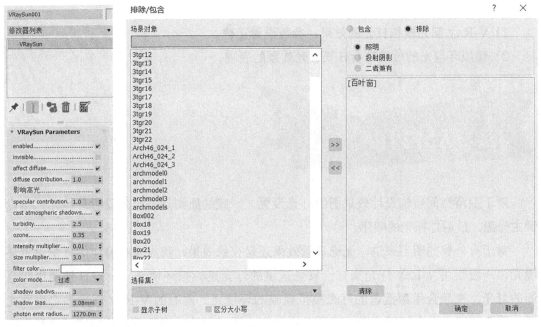

图　5-3-13

根据渲染效果，对 V-Ray 太阳的角度和具体参数再进行微调，得到太阳光照效果，如图 5-3-14 所示。

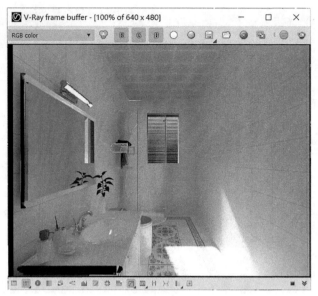

图 5-3-14

四、任务评价

1）V-Ray 阳光模拟日光的效果，参数设置正确。

2）模拟环境光的效果符合日景灯光效果的表现。

五、必备知识

对于卫浴空间装饰设计效果图的灯光设置，一般的原则是按照先设置环境光，再设置主光源，最后打补光的顺序。

对于有外窗的明卫来讲，无论日景效果还是夜景效果，都需要在窗户的外侧设置环境光，一般使用 V-Ray 灯光来打。只是这里的灯光是模拟环境光，一般日景使用暖色调的灯光，夜景会用深蓝色的灯光模拟夜晚的环境光。此时的 V-Ray 灯光多选用面光源，创建和窗户大小相近的光，置于窗户外侧，调试参数，调整适合的倍增。注意在测试小图时，如果发现窗户的灯没有进到房间来，那多是因为被玻璃挡住了，我们需要选出玻璃，更改玻璃的透明属性，同时取消"接收阴影"和"投掷阴影"选项，单击"确定"按钮，这样就能将光透进房间了。

主光源的设置：一般日景的效果使用阳光，夜景的效果主要用房间的吊灯或台灯等人工光源。对于吊灯，可根据自己吊灯的形状来打灯，如果是以小灯组合而来的灯，则需要在组合的每一个小灯里打灯。模拟灯泡发光可使用 V-Ray 灯光，将类型改为球型，也可以使用泛光 Omni。注意如果用泛光要打开衰减。

台灯、壁灯和各类地灯，是辅助光源的常用灯型。一般用 V-Ray 灯光来模拟台灯、壁灯和各类地灯的光源。默认的 V-Ray 灯光是 plane（片）的形状，我们可以将类型改为 Sphere（球形）。同样调整倍增颜色，选中"不可见"选项。

射灯是装饰光源最常见的类型，广泛用在客厅、卧室、书房、餐厅等家居空间。创建射灯的灯光，我们需要用到光域网文件。首先创建光域网灯光，调整好射灯的位置，选中"阴影"选项，更改光域网类型，选择光域网 web 类型，在选择光域网文件路径的地方加载自己准备好的光域网文件，调整光域网强度大小。

当台灯、吊灯、射灯、灯带，窗户灯都打好后，测试一下小图，看光影的效果是否自然逼真，有的地方太暗还需要加补灯，同样可以使用 V-Ray 灯光或者泛光来模拟。灯光全部调试好就可以渲染成图了。

六、触类旁通

结合以上关于卫浴空间的灯光设计知识，尝试给客户王女士设计卫浴空间的夜景灯光效果。

任务四 卫浴效果图后期处理

一、任务情境

添加了材质和灯光的卫浴空间装饰效果图，已经能比较真实地表现出设计师的设计意图和效果来了。但是基于王女士追求完美的特点，为了打造出一个让顾客无可挑剔的设计作品，设计师决定对这个欧式卫浴空间装饰效果图在 Photoshop 软件中进行进一步的后期处理。

二、任务分析

室内效果图的后期处理是非常重要的一个步骤，它用 Photoshop 软件对渲染好的效果图进行修饰，将渲染效果中不尽人意的地方进行再调整，使效果图更加完美地呈现。后期处理主要集中在调整效果图的亮度、层次感、清晰度以及色调，为效果图添加配景、装饰效果等方面。这些操作充分地使用到了 Photoshop 中图像调整的各种命令，如"亮度／对比度""曲线""饱和度"，以及各种图层样式和混合模式的应用。应当注意的是，在实际工作中，调整效果图时，千万不要照搬本例的参数，而是应根据效果图的实际表现灵活使用这些工具，以达到更好的调整效果。

三、任务实施

【调整效果图的亮度】

对于效果图渲染出来发暗的效果，可以使用 Photoshop 的"曲线"工具，也可以使用 Photoshop 的"亮度／对比度"工具。对于暗部或阴影部分亮度过低的情况，还可以酌情使用"正片叠底"或"滤色"的图层混合模式。下面以"曲线"工具的使用为例来介绍如何调整效果图的亮度。亮度调整前后的对比效果如图 5-4-1 所示。

图 5-4-1

1）启动 Photoshop 软件，按 <Ctrl+O> 组合键打开上一个任务中完成的卫浴效果图，如图 5-4-2 所示。

图 5-4-2

2）在"图层"面板中选择"背景"图层，按 <Ctrl+J> 组合键复制出一个新的"图层1"，如图 5-4-3 所示。

3）在"图像"菜单中选择"调整"→"曲线"命令，把曲线对话框打开，如图 5-4-4 所示。"曲线"窗口的弧线在横坐标的范围里，从左到右依次代表打开图像的暗色调、中间调和亮色调。曲线背景上的峰值形状，代表着该图像中所有像素在暗色调、中间调和亮色调上的分布。

图 5-4-3

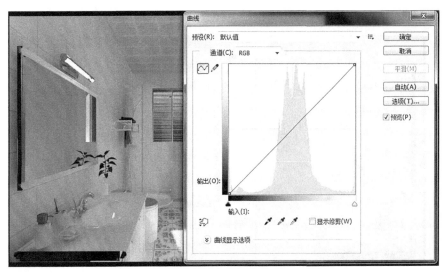

图 5-4-4

　　在曲线的中间部位直接将弧度上调，代表整体亮度变亮，如图 5-4-5 所示。也可以根据图像的实际显示，选择在暗部或亮部建立锚点，分别调整明暗，如图 5-4-6 所示。

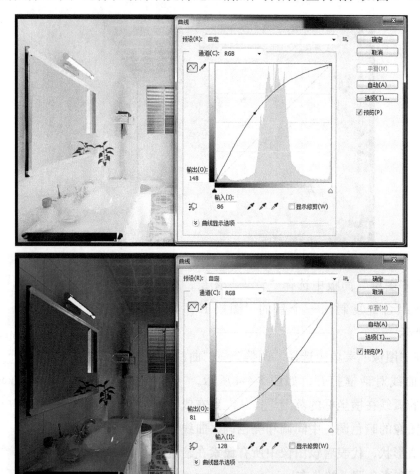

图　5-4-5

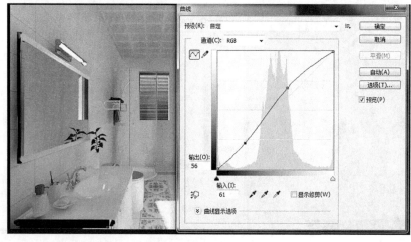

图　5-4-6

4）在调整好之后，单击"文件"菜单中的"存储为"命令，或者按 <Shift+Ctrl+S> 组合键，将新的效果图保存。存储格式根据需要可以选择 psd 源文件的格式，也可以选择 jpg 或 png 等格式直接保存为图片。

【调整效果图的清晰度】

在 3ds Max+V-Ray 的效果图渲染中，效果图渲染的清晰与否，着重通过"抗锯齿"参数来调整的。而在 Photoshop 软件的后期处理中，主要使用各种锐化滤镜如"USM 锐化"或"自动修缮"等来实现清晰度的调整。下面以"USM 锐化"滤镜为例来介绍如何调整效果图的清晰度。清晰度调整前后的对比效果如图 5-4-7 所示。

图　5-4-7

1）继续打开已经调整好亮度的卫浴效果图，在"图层"面板中选择"背景"图层，按 <Ctrl+J> 组合键复制出一个新的图层，如图 5-4-8 所示。

图　5-4-8

2）在"滤镜"菜单中选择"锐化"→"USM 锐化"命令，在弹出的"USM 锐化"对话框中将"数量"设为 81%，"半径"设为 3.3 像素，如图 5-4-9 所示。最终效果如图 5-4-10 所示。

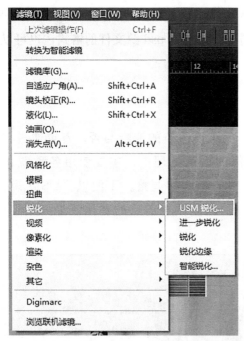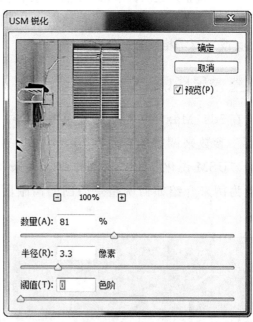

图 5-4-9

图 5-4-10

【调整效果图的色调】

效果图的色调是第一视觉印象的焦点，人们判断画面的美感最容易被色彩打动。效果图的色调调整主要看三个方面，第一是画面是否存在偏色，第二是色彩是否有过艳过淡的情况，第三是画面的色调与效果图设计所营造的环境与氛围是否相搭配。客厅的效果图设计根据不同的设计风格所呈现出来的色调表现，在自然风格里应营造温暖舒适的暖色，而北欧风格或后现代风格更偏重于冷色；而卧室或餐厅的效果图无论日景还是夜景效果，都较偏重营造温馨舒适的暖色调。这些表现如果在渲染阶段表现不充分的话都可以通过后期处理进一步完善。

在 Photoshop 软件中处理色调和色彩的工具也很丰富，常用的有"色相／饱和度""色彩平衡""自动颜色"，以及一系列滤镜效果，如"智能色彩还原滤镜"和"照片滤镜"等。下面以"色相／饱和度"和"色彩平衡"工具为例介绍如何调整效果图的色调。

1）继续打开已经调整好清晰度的卫浴效果图，如图 5-4-10 所示。在"图层"面板中选择"背景"图层，按 <Ctrl+J> 组合键复制出一个新的图层，如图 5-4-11 所示。

图 5-4-11

2）在"图像"菜单中选择"调整"→"色相／饱和度"命令，把"色相／饱和度"对话框打开，在对话框中设置"色相"设为 1，"饱和度"为 10，"明度"设为 3，如图 5-4-12 所示。

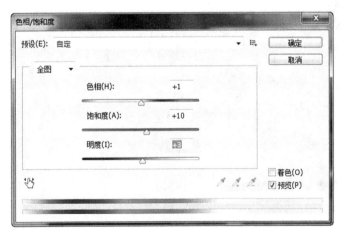

图 5-4-12

3）在"图层"面板中选择"创建新的填充或调整图层"按钮，在弹出的菜单中选择"色彩平衡"调整图层，如图 5-4-13 所示。接着在"属性"面板（见图 5-4-14）中设置"青色 - 红色"的参数为 1，"洋红 - 绿色"的参数为 6，"黄色 - 蓝色"的参数为 -15。

最终效果如图 5-4-15 所示。

图 5-4-13

图 5-4-14

图 5-4-15

【灯光效果的后期处理】

灯光的后期处理一般有添加或增强灯带效果、添加局部射灯或星型灯光的效果。在工具栏中选择"画笔"工具，选择合适的笔刷并调整笔刷大小，如图 5-4-16 所示。

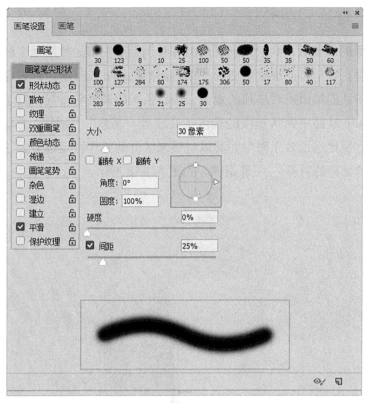

图　5-4-16

新建图层，在合适的位置，为效果图添加灯光效果，如图 5-4-17 所示。

图　5-4-17

【使用通道图进行后期处理】

在经过上面的调整后，我们发现所用的各种调整手段都是针对整个画面而言的。在实际工作过程中，经常会出现效果图的一个局部颜色过亮或过暗，或者需要对效果图的某一部分，如单独的墙面或者单独的地面，进行色彩的调整等情况。对于效果图局部的选择，Photoshop软件中默认提供的选区工具或者"套索""魔棒"工具等在这里都有局限，不能很方便地选出效果图中尤其以材质来区分的某些特定部分。这时候，我们就要用到一个新的选择的利器——通道图，如图5-4-18所示。

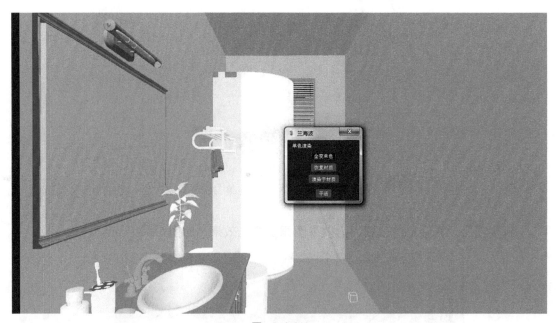

图 5-4-18

通道图是在3ds Max软件中，为了方便对效果图进行后期处理，特意将相同材质的模型赋予一种纯色自发光的特殊材质，从而渲染出来的一种特别的图像。在通道图中，我们可以轻松地使用Photoshop软件的"魔棒"工具，任意单独选中墙面、地面、灯具、吊顶等相同材质而形状各异的部位，从而对这些部位单独进行色彩和色调的调整。

通道图的做法有两种。一种是在3ds Max中使用"材质编辑器"，逐个将每个材质调整为单色自发光的材质。具体做法如下：

在3ds Max软件中打开卫浴空间的模型，打开"材质编辑器"，将模式选择为"精简模式"。任意选择一个材质球，用吸管工具吸取场景中的一个材质，如墙面的材质，如图5-4-19所示。

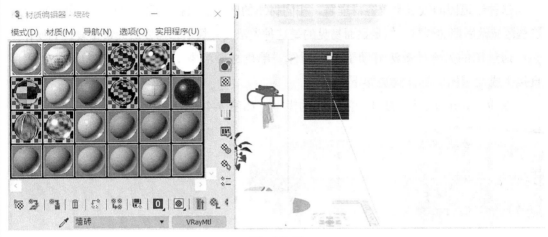

图　5-4-19

在漫反射中，将其更改为任意一种纯色，并选择自发光选项，如图 5-4-20 所示。

图　5-4-20

如法炮制，逐个将地面、天花板和其他家具或造型的材质依次更改为不同颜色的自发光材质，此时形成的图像就是该幅效果图对应的通道图，如图 5-4-21 所示。

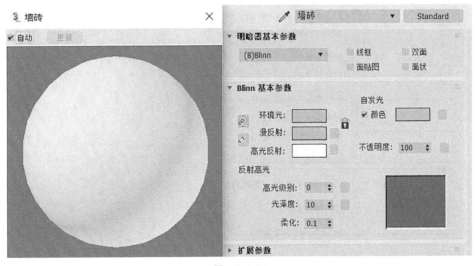

图　5-4-21

这种通道图的做法比较容易理解，相同材质的区域被保存成同一种颜色，之后可以对这些区域做后期的调整。但是显而易见的是这种做法及其烦琐，需要做大量重复性的操作。

通道图的另一种做法借助于外部插件"单色材质渲染 .ms"，可以简单地使用程序直接生成通道图。具体做法如下：

在 3ds Max 软件中打开卫浴空间的模型，如图 5-4-22 所示。

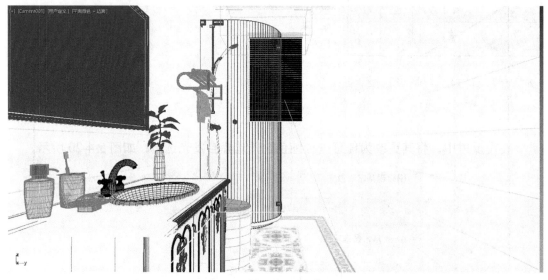

图　5-4-22

在"脚本"菜单中选择"运行脚本"，在弹出的对话框中选择"单色材质渲染 .ms"，如图 5-4-23 所示。

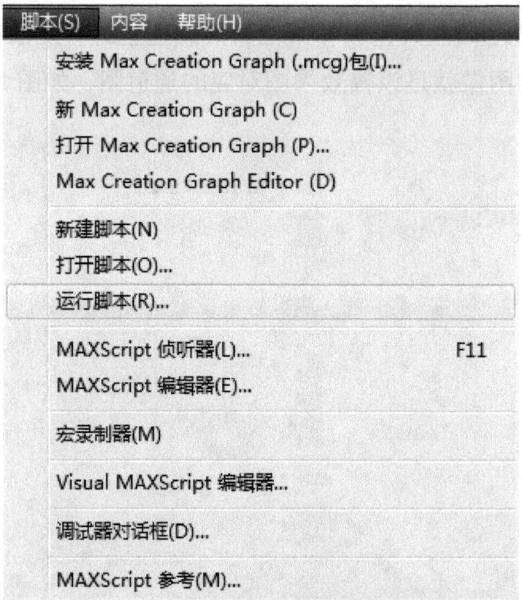

图　5-4-23

运行"单色材质渲染 .ms"插件，在弹出的对话框中选择"单色通道"，通道图就直接渲染好了，如图 5-4-24 所示。

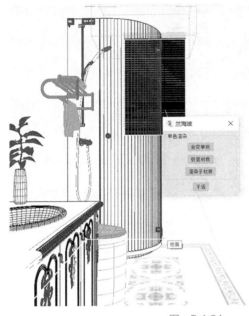

图　5-4-24

将通道图保存成 jpg 格式的图片，导入到 Photoshop 中，借助通道图可以使用"魔棒"工具轻松选择相同材质的区域如顶面，进行后期处理，如图 5-4-25 所示。

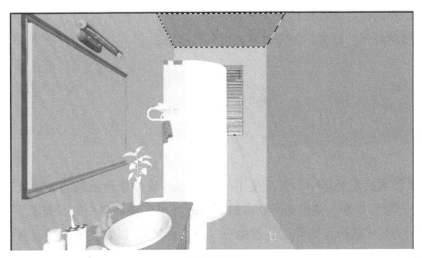

图　5-4-25

图　5-4-25（续）

四、任务评价

1）卫浴空间的画面清晰、亮度适中、层次感分明。

2）卫浴空间的色调符合日景的效果图。

3）添加的灯光、绿植、装饰物等效果自然逼真。

五、必备知识

　　在效果图的后期处理中，灵活使用 Photoshop 软件处理图像的各种技巧，可以使效果图的处理事倍功半，如前面所应用的 Photoshop 图像调整中的"亮度""色阶""曲线""色彩平衡""色相／饱和度"等命令（图 5-4-26），以及各种图层混合样式和滤镜的使用（图 5-4-27）。

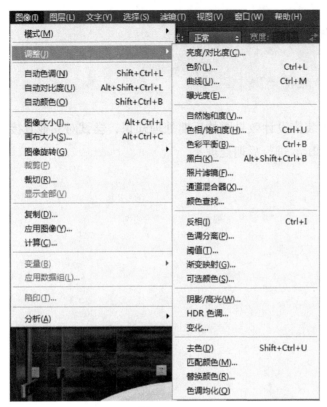

图　5-4-26

图　5-4-27

六、触类旁通

结合以上关于装饰设计效果图的后期处理知识，尝试对其他直接渲染出来的室内设计效果图用 Photoshop 进行后期处理。

附 录

3ds Max 快捷键索引

主界面快捷键	
显示降级适配（开关）	O
适应透视图格点	Shift+Ctrl+A
排列	Alt+A
角度捕捉（开关）	A
动画模式（开关）	N
改变到后视图	K
背景锁定（开关）	Alt+Ctrl+B
前一时间单位	.
下一时间单位	,
改变到上（Top）视图	T
改变到底（Bottom）视图	B
改变到相机（Camera）视图	C
改变到前（Front）视图	F
改变到等大的用户（User）视图	U
改变到右（Right）视图	R
改变到透视（Perspective）图	P
循环改变选择方式	Ctrl+F
默认灯光（开关）	Ctrl+L
删除物体	Del
当前视图暂时失效	D
是否显示几何体内框（开关）	Ctrl+E
显示第一个工具条	Alt+1
专家模式，全屏（开关）	Ctrl+X
暂存（Hold）场景	Alt+Ctrl+H
取回（Fetch）场景	Alt+Ctrl+F
冻结所选物体	6
跳到最后一帧	End
跳到第一帧	Home
显示／隐藏相机（Cameras）	Shift+C
显示／隐藏几何体（Geometry）	Shift+O
显示／隐藏网格（Grids）	G

（续）

主界面快捷键	
显示／隐藏帮助（Helpers）物体	Shift+H
显示／隐藏光源（Lights）	Shift+L
显示／隐藏粒子系统（Particle Systems）	Shift+P
显示／隐藏空间扭曲（Space Warps）物体	Shift+W
锁定用户界面（开关）	Alt+0
匹配到相机（Camera）视图	Ctrl+C
材质（Material）编辑器	M
最大化当前视图（开关）	W
脚本编辑器	F11
新的场景	Ctrl+N
法线（Normal）对齐	Alt+N
向下轻推网格	（小键盘）-
向上轻推网格	（小键盘）+
NURBS 表面显示方式	Alt+L 或 Ctrl+4
NURBS 调整方格 1	Ctrl+1
NURBS 调整方格 2	Ctrl+2
NURBS 调整方格 3	Ctrl+3
偏移捕捉	Alt+Ctrl+ 空格
打开一个 MΛX 文件	Ctrl+O
平移视图	Ctrl+P
交互式平移视图	I
放置高光（Highlight）	Ctrl+H
播放／停止动画	/
快速（Quick）渲染	Shift+Q
回到上一场景	Ctrl+A
回到上一视图	Shift+A
撤销场景	Ctrl+Z
撤销视图	Shift+Z
刷新所有视图	1
用前一次的参数进行渲染	Shift+E 或 F9
渲染配置	Shift+R 或 F10
在 xy/yz/zx 锁定中循环改变	F8
约束到 X 轴	F5
约束到 Y 轴	F6
约束到 Z 轴	F7
旋转（Rotate）视图模式	Ctrl+R 或 V

（续）

主界面快捷键	
保存（Save）文件	Ctrl+S
透明显示所选物体（开关）	Alt+X
选择父物体	PageUp
选择子物体	PageDown
根据名称选择物体	H
选择锁定（开关）	空格
减淡所选物体的面（开关）	F2
显示所有视图网格（Grids）(开关)	Shift+G
显示／隐藏命令面板	3
显示／隐藏浮动工具条	4
显示最后一次渲染的图画	Ctrl+I
显示／隐藏主要工具栏	Alt+6
显示／隐藏安全框	Shift+F
显示／隐藏所选物体的支架	J
显示／隐藏工具条	Y／2
百分比（Percent）捕捉（开关）	Shift+Ctrl+P
打开／关闭捕捉（Snap）	S
循环通过捕捉点	Alt+ 空格
间隔放置物体	Shift+I
改变到光线视图	Shift+4
循环改变子物体层级	Ins
子物体选择（开关）	Ctrl+B
帖图材质（Texture）修正	Ctrl+T
加大动态坐标	+
减小动态坐标	-
激活动态坐标（开关）	X
精确输入转变量	F12
全部解冻	7
根据名字显示隐藏的物体	5
刷新背景图像（Background）	Alt+Shift+Ctrl+B
显示几何体外框（开关）	F4
视图背景（Background）	Alt+B
用方框（Box）快显几何体（开关）	Shift+B
打开虚拟现实	（数字键盘）1
虚拟视图向下移动	（数字键盘）2
虚拟视图向左移动	（数字键盘）4

（续）

主界面快捷键	
虚拟视图向右移动	（数字键盘）6
虚拟视图向中移动	（数字键盘）8
虚拟视图放大	（数字键盘）7
虚拟视图缩小	（数字键盘）9
实色显示场景中的几何体（开关）	F3
全部视图显示所有物体	Shift+Ctrl+Z
视窗缩放到选择物体范围（Extents）	E
缩放范围	Alt+Ctrl+Z
视窗放大两倍	Shift+（数字键盘）+
放大镜工具	Z
视窗缩小两倍	Shift+（数字键盘）-
根据框选进行放大	Ctrl+w
视窗交互式放大	[
视窗交互式缩小	]
轨迹视图快捷键	
加入（Add）关键帧	A
前一时间单位	<
下一时间单位	>
编辑（Edit）关键帧模式	E
编辑区域模式	F3
编辑时间模式	F2
展开对象（Object）切换	O
展开轨迹（Track）切换	T
函数（Function）曲线模式	F5 或 F
锁定所选物体	空格
向上移动高亮显示	↑
向下移动高亮显示	↓
向左轻移关键帧	←
向右轻移关键帧	→
位置区域模式	F4
回到上一场景动作	Ctrl+A
撤销场景动作	Ctrl+Z
向下收拢	Ctrl+↓
向上收拢	Ctrl+↑

（续）

渲染器快捷键	
用前一次的配置进行渲染	F9
渲染配置	F10
撤销场景	Ctrl+Z
绘制（Draw）区域	D
渲染（Render）	R
锁定工具栏（泊坞窗）	空格
NURBS 编辑	
CV 约束法线（Normal）移动	Alt+N
CV 约束到 U 向移动	Alt+U
CV 约束到 V 向移动	Alt+V
显示曲线（Curves）	Shift+Ctrl+C
显示控制点（Dependents）	Ctrl+D
显示格子（Lattices）	Ctrl+L
NURBS 面显示方式切换	Alt+L
显示表面（Surfaces）	Shift+Ctrl+s
显示工具箱（Toolbox）	Ctrl+T
显示表面整齐（Trims）	Shift+Ctrl+T
根据名字选择本物体的子层级	Ctrl+H
锁定 2D 所选物体	空格
选择 U 向的下一点	Ctrl+ →
选择 V 向的下一点	Ctrl+ ↑
选择 U 向的前一点	Ctrl+ ←
选择 V 向的前一点	Ctrl+ ↓
根据名字选择子物体	H
柔软所选物体	Ctrl+s
转换到 Curve CV 层级	Alt+Shift+Z
转换到 Curve 层级	Alt+Shift+C
转换到 Imports 层级	Alt+Shift+I
转换到 Point 层级	Alt+Shift+P
转换到 Surface CV 层级	Alt+Shift+V
转换到 Surface 层级	Alt+Shift+S
转换到上一层级	Alt+Shift+T
转换降级	Ctrl+X

参 考 文 献

[1] 曹茂鹏，瞿颖健.3ds Max 2012/VRay 效果图制作完全自学教程[M].北京：人民邮电出版社，2012.

[2] 唯美映像.3ds Max 2013+VRay 效果图制作自学视频教程[M].北京：清华大学出版社，2015.

[3] 新知互动.3ds Max 2009&VRay 核心技术与高级渲染 [M].北京：中国铁道出版社，2009.

[4] 时代印象.3ds Max/VRay 印象全套家装效果图表现技法 [M].2 版.北京：人民邮电出版社，2017.

[5] 王玉梅，姜杰.3ds Max 2009 中文版效果图制作从入门到精通 [M].北京：人民邮电出版社，2010.

[6] 刘鲲.3ds Max/VRay/Photoshop 印象：室内效果图 建模／构图／材质／灯光／渲染／后期制作技法
    [M].北京：人民邮电出版社，2016.

[7] 李娜，李卓.3ds Max 中文版灯光材质贴图渲染技术完全解密[M].北京：中国青年出版社，2017.